그 림 으 로   이 해 하 는
우주과학사

그림으로 이해하는 우주과학사

2006년 1월 21일 초판 1쇄 펴냄
2019년 1월 31일 초판 8쇄 찍음

지은이 | 혼다 시케치카
옮긴이 | 조영렬
편 집 | 이근영, 이준호

펴낸이 | 장의덕
펴낸곳 | 도서출판 개마고원
등 록 | 1989년 9월 4일 제2-877호
주 소 | 경기도 고양시 일산동구 호수로 662 삼성라끄빌 1018호
전 화 | (031) 907-1012
팩 스 | (031) 907-1044

ISBN 978-89-5769-454-1 03400

• 이 도서의 국립중앙도서관 출판시도서목록(CIP)은
  e-CIP 홈페이지(http://www.nl.go.kr/ecip)와 국가자료공동목록시스템
  (http://www.nl.go.kr/ kolisnet)에서 이용하실 수 있습니다. (CIP 제어번
  호: CIP2006000078)

그림으로 이해하는
우주과학사

혼다 시케치카 지음 | 조영렬 옮김

개마고원

圖說 宇宙科學發展史

by

本田成親

Copyright © 2003 by Shigechika Honda

All rights reserved

Originally published in 2003 in Japan by Kougakutosho Ltd.

Korean translation rights arranged with Kougakutosho Ltd.,
through ANIMEDRIVE, Korea

별이 빛나는 밤하늘을 바라보며 상상의 나래를 펼치는 우리는 궁금해 한다. 우주는 어떻게 생겨났을까, 앞으로 어떤 운명이 기다리고 있을까, 우주에는 인간 이외에도 지적인 생명체가 존재할까……. 우주에 대한 우리의 의문에는 끝이 없다.

이러한 의문을 풀기 위해 수없이 많은 천문학자와 물리학자들이 우주 연구에 삶을 바쳤다. 그리고 그들의 연구 덕분에 이전에는 알지 못했던 우주의 모습을 차츰차츰 알게 되었다. 물론 미약한 인간의 힘으로 끝을 알 수 없는 우주의 신비를 모두 해명할 수는 없다. 하지만 우주 전체에서 본다면 아주 미미한 존재인 '지구'라는 자그마한 혹성에 살면서, 우주의 본질에 이만큼 다가섰다는 점에서 우리 인류의 지혜를 과소평가할 수는 없을 것이다.

이 책은 중고생을 포함한 일반인들에게 현대 우주과학의 근황을 알기 쉽게 해설해 우주에 대한 흥미를 돋울 목적으로 집필했다. 본문과 아울러 일일이 그림을 첨부한 것도 그러한 의도에서이다.

현대 우주론은 여러 갈래로 펼쳐져 있는데다가 난해한 수학이나 물리학 이론을 통해 전개된다. 현대 우주과학은 모든 장르의 최신 연구를 모으고, 그것을 융합해 체계화하는 과정을 통해 성립된 첨단 종합과학이다. 따라서 우주론의 세계를 누구나 알 수 있게 소개하는 것은 '말하기는 쉬워도 실행하기는 어려운' 까다로운 작업이다.

제대로 한다면 상대성이론 하나만 다룬다고 해도 책 한 권으로 끝낼 수 없을 정도이기 때문에, 적당한 분량 안에 꼭 필요한 내용을 빠짐없이 집어넣는 것도 큰 문제였다. 재기 넘치는 문장으로 관심을 끌만한 사건만을 단편적으로 나열한다면 보기에는 그럴싸하게 마무리되겠지만, 현대 우주론의 흐름을 설명하는 것과는 거리가 먼, 알맹이 없는 책이 될 것이다. 그렇게 해서는 최신 우주 연구에 강한 관심을 갖고 있는 독자들의 의문에 제대로 된 대답을 제공할 수 없다.

그래서 나름대로 암중모색한 결과, 중고생에게는 다소 어려운 표현이 있더라도 전체적으로 단단한 문체를 구사하고 내용의 일관성을 유지하도록 구성함으로써, 우주과학의 큰 흐름과 방법론의 발전 양상을 대략적으로 이해할 수 있도록 했다. 또한 그러한 구성을 통해 전체 분량을 줄이면서도 현대 우주론을 해설하는 데 필요한 최소한의 내용만은 빠뜨리지 않도록 궁리했다. 순서대로 차근차근 본문과 그림을 읽어가다 보면, 현대 우주론의 흐름을 어느 정도까지 파악할 수 있으리라 생각한다.

이 책의 그림을 만들고 배열하는 데는 수많은 선배들의 지혜를 빌리고 삽화가와 힘을 합쳐 매우 공을 들였기 때문에, 혹시 본문을 읽는 것이 귀찮을 경우에는 도판만 순서대로 보아도 어느 정도 내용을 이해할 수 있을 것이다.

아인슈타인이나 호킹이 직접 쓴 해설서를 이해하는 것도 그리 쉽지 않다는 사실에서 알 수 있듯이, 최신 우주 과학의 본질을 일상적인 언어로 설명하는 것은 대단히 어려운 일이다. 과학자들은 일상적인 언어나 사고방식을 통해서는 자신들이 그린 세계를 제대로 설명할 수 없기 때문에, 어쩔 수 없이 특별한 언어(각종 기호나 수식 따위)를 사용해 독자적인 이론을 전개해 왔다. 과학세계의 전문가와 일반인 사이에는 본래부터 손쉽게 뛰어넘을 수 없는 간극이 존재했던 것이다.

물론 필자가 그 구멍을 모두 메울 수는 없다. 다만 모자란 대로 이 책이 우주과학에 관심이 있는 학생들이나 일반인들에게 얼마간 도움이 된다면 그 이상 기쁜 일은 없을 것이다.

차례

contents

차례

contents

제4장 우주의 생성과 우주론의 최전선

물질을 낳은 CP 대칭성 균열 | 모습을 드러낸 중성미자의 바다 | 드디어 자유전자를 붙잡은 원자핵 | 은하와 은하단의 형성 | 우주 최초의 천체 퀘이사 탄생 | 항성의 탄생과 일생 | 137억 년의 드라마 | 우주의 운명은 암흑물질에 달려 있다 | 우주의 종언 | 최신 연구에 기초한 우주의 미래상 | 우리 인류는 우주의 고아인가

천동설
역행 현상
지동설
케플러의 법칙
관성의 법칙
가속도의 법칙
작용 반작용의 법칙

제1장

근대우주론의 시초와 발전

만유인력의 법칙
절대시간, 절대 공간
에테르
로렌츠 변환
광속 불변의 법칙
상대적 시간
공간 수축
시간 수축
$E=mc^2$
등가원리
휜 공간
4차원 시공
휘어진 중력장
슈바르츠실트의 해

프톨레마이오스

천동설 – 움직이지 않는 지구 주위를 도는 우주

　천동설은 BC 4세기의 그리스 철학자 아리스토텔레스와 AD 2세기경 이집트의 알렉산드리아에서 활약했던 프톨레마이오스에 의해 확립되었다. 천동설이 그린 우주상은 당시의 상황에서 보자면 나름대로 설득력이 있었다. 현대의 과학 지식이나 관측 데이터를 기준으로 삼아 생각해본다면 모순점이 많지만, 당시의 과학 기술 수준에서 보면 전혀 이상할 것이 없는 우주상이었다. 현재 우리는 137억 광년에 이르는 우주의 끝을 각종 망원경으로 관측하고, 거기에서 얻어낸 정보를 바탕으로 이리저리 그럴 듯한 우주상을 그려보고 있지만, 그것들도 완전하지는 않다. 어쩌면 옛날 사람들이 천동설을 믿었던 것처럼, 오류를 범하고 있는지도 모른다.

　자기중심적으로 사물을 생각하기는 쉽지만, 타인의 입장에서 자신

프톨레마이오스 Klaudios Ptolemaeos 85?~165?

영어명은 Ptolemy(톨레미). 127~145년경 이집트의 알렉산드리아에서 천체(天體)를 관측하면서, 대기에 의한 빛의 굴절작용을 발견하고, 달의 운동이 비등속운동임을 발견하였다. 천문학 지식을 모은 저서 『천문학 집대성』은 아랍어역본(譯本)인 『알마게스트Almagest』로서 더 유명한데, 코페르니쿠스 이전 시대의 최고의 천문학서로 인정되고 있다. 이 책은 아리스토텔레스류(流)의 천동설과는 달리 완전한 수리천문서(數理天文書)로서 가치가 있다. 유럽에서는 15세기에 이르러서야 『알마게스트』를 이해할 수 있는 천문학자가 나타났으며, 천문학의 수준은 프톨레마이오스 시대로 되돌아가, 그 기초 위에서 코페르니쿠스의 지동설이 탄생될 수 있었다.

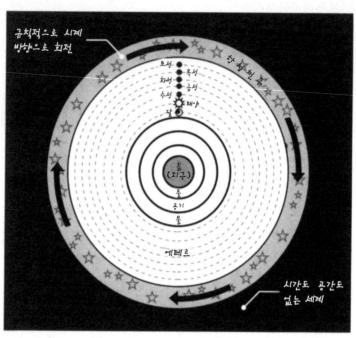

을 바라보고 상호 관계를 냉정하게 생각하기는 어렵다. 아인슈타인이 상대성이론을 발표했을 때, 많은 학자들이 그것을 인정하려 하지 않은 것도 그러한 사정을 잘 보여준다.

초기의 천동설이 그린 우주체계에서는 불·공기·물·흙으로 이루어진 움직이지 않는 지구가 우주의 중심에 있고, 그 주위를 7개의 혹성[달, 태양, 수성, 금성, 화성, 목성, 토성, 태양(태양도 혹성의 하나로 간주했다)]이 원 궤도를 그리며 각각의 주기로 돌고 있으며, 그 바깥쪽에 별들이 흩어져 있고 그곳에 고정된 항성천구가 있다고 보았다. 또한 규칙적으로 회전하는 항성천구와 지구 사이는 에테르라는 물질로 꽉 차 있고, 혹성 자체도 에테르로 이루어져 있다고 생각했다. 그리고 우주는 유한하며, 항성천구 바깥은 시간도 공간도 존재하지 않는 '무의 세계'라고 생각했다.

코페르니쿠스

역행 현상 – 천동설로 설명할 수 없는 우주의 역행 현상

지구에서 별의 움직임을 자세히 관찰하다 보면, 별이 본래 진행해야 할 방향과 반대로 움직이다가 한참 뒤에 다시 본래의 운행코스로 돌아오는 기묘한 현상이 발견될 때가 있다. 과학자들은 이런 별들의 움직임이 잔뜩 술에 취해서 천공의 궤도 위를 비틀비틀 헤매고 있는 것처럼 보이기 때문에 '정신을 못 차리고 갈팡질팡하는[惑] 별', 즉 혹성이라 부르게 되었다. 이 변덕스러운 혹성의 역행 운동을 천동설에 입각해서 설명하면 어떻게 될까? 각각의 혹성이 커다란 원 궤도[주원(主圓)]에 따라 움직이는 동시에 주원 위에 중심을 두고 있는, 주전원(周轉圓, epicycle)이라 부르는 2차적 부원(副圓) 궤도를 그리며 운동한다고 생각할 수밖에 없었다.

또한 수성이나 금성이 일정한 거리 이상으로 태양에서 멀어지지 않

코페르니쿠스 Nicolaus Copernicus 1473~1543

코페르니쿠스가 지동설(地動說)을 착안하고 그것을 확신하게 된 시기가 언제인지는 명확하지 않으나 그의 저서 『천체의 회전에 관하여De revolutionibus orbium coelestium』(전4권)는 1525~1530년 사이에 집필된 것으로 추측되고 있으며, 다만 출판을 주저한 것은 종교적으로 이단자가 된다는 당시의 상황을 고려한 때문일 것으로 추측된다. 그의 지동설에서 유의하여야 할 점은 그가 생각한 태양계의 모습이 현재 우리가 생각하는 태양계와는 다르다는 점[그는 행성의 궤도를 원으로 보고, 운동의 불규칙성을 설명하기 위해 주전원(周轉圓)을 사용했다]과, 지구의 공전과 자전의 증거를 하나도 밝혀내지 못했다는 점이다.

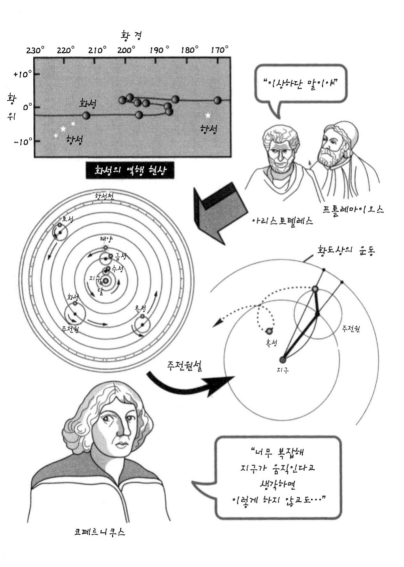

는 이유를 설명하려면, 그 혹성들은 더욱 특수한 부원 궤도를 운행한다고 보아야 했고, 그것을 뒷받침하기 위해 굉장히 복잡한 수학적 설명을 도입해야만 했다. 나중에 천체 관측 기술이 발전해 별의 운동에 대해 보다 정확한 데이터를 얻게 되면서, 그것을 제대로 설명하기 위해 더욱 복잡하고 기괴한 다중구조로 이루어진 천구도를 고안하게 되었다.

너무나 복잡해진 천구도를 이상하게 여긴 니콜라스 코페르니쿠스는 그리스 시대의 철학자 아리스타르코스(BC 310?~BC 230?)가 주장했던 지동설로 되돌아가 그것을 수학적으로 검증하고 발전시키려는 결심을 했다. 그리고 그는 지구가 태양의 주위를 돌고 있다고 가정하면, 천동설로는 설명하기 힘든 혹성의 역행 현상 따위의 문제를 수학적으로 쉽게 설명할 수 있다는 사실을 알게 되었다. 예를 들어 혹성의 역행 현상은 지구와 다른 혹성의 공전 속도가 다르기 때문에 일어난다고 생각할 수 있었다.

코페르니쿠스, 갈릴레이
지동설 – 코페르니쿠스적 전환의 시작

모든 사람이 절대적으로 믿고 있던 사고방식 따위를 일거에 뒤집어 엎었을 때, 우리는 그것을 '코페르니쿠스적 전환'이라고 부른다. 그만큼 코페르니쿠스의 지동설은 혁명적이었다. 코페르니쿠스는 지동설에 입각한 우주상을 『천체의 회전에 관하여』라는 책에 정리해두었지만, 그것을 바로 공표하지 않고 지구가 태양을 돌고 있다는 사실을 어떻게 든 직접적으로 증명해보려 했다.

하지만 지동설을 입증할 최상의 증거라고 할 '연주시차(年周視差, 지구에서 본 천체의 방향과 태양에서 본 방향과의 차이)'를 검출하는 것은 당시의 천체 관측 기술로는 불가능한 일이었다. 관측을 통해 처음으로 연주시차를 검출한 것은 코페르니쿠스가 죽고 300년 가까이 지난 1838년의 일이다.

코페르니쿠스는 지구가 움직이고 있다는 직접적인 증거를 얻을 수

갈릴레이 Galileo Galilei 1564~1642
이탈리아의 천문학자·물리학자·수학자. 갈릴레이의 생애는 르네상스기와 근대와의 과도기에 해당되며, 구시대적인 것과 새로운 것이 그의 생활이나 과학 속에도 공존하고 있었다. 천문학에서는 지동설을 취하면서도 케플러의 업적은 전혀 이해하지 않았고, 물리학에서도 관성법칙을 발견했지만 이것의 정식화는 데카르트에게 넘겨주었다. 또한, 일상생활에서도 자유가 주어지는 파도바대학을 떠나 봉건제후(封建諸侯)의 전속학자가 되었다. 그러나 그의 인간다운 면은 많은 사람들의 흥미를 끌어, 뛰어난 문학작품의 소재가 되기도 했다.

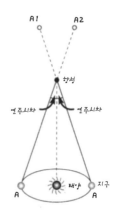

같은 항성이 다른 방향에서 보이는 것은 지구가 태양 주위를 돌고 있다는 직접적인 증거가 된다. 다만 연주시차가 너무나 작기 때문에 당시의 관측기술로는 측정할 수 없었다.

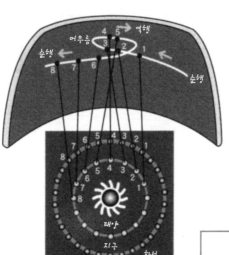

지구와 화성의 공전 속도 차에 의한 상대적 위치 변화가 원인이 되어, 지구에서 보면 때때로 화성이 역행하는 것으로 보인다.

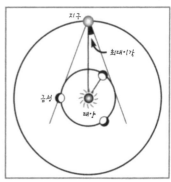

지구나 금성이 태양 주변을 돌고 있다고 생각하면, 금성이 일정 각도 이상 태양에서 떨어지지 않는 이유를 쉽게 설명할 수 있다. 또한 금성의 영휴도 쉽게 설명할 수 있다.

달
달 표면이
울퉁불퉁함을 발견

굉장한 걸

목성
현재 목성의 위성은 16개가
발견되었지만, 갈릴레오는
1610년, 그 가운데 가장 큰
이오, 유로파, 가니메데, 칼리
스토 4개를 발견했다

갈릴레이

는 없었지만, 그의 필생의 역작『천체의 회전에 대하여』는 제자들의 권유로 그가 죽기 직전에 공표되어 낡아빠진 천동설의 우주관을 뿌리부터 뒤흔들었다. 코페르니쿠스의 지동설이 단순한 수학상의 가설(현실적으로 그러한가는 차치하고, 수학적으로 그렇게 생각하면 잘 설명할 수 있음을 보이는 임시 이론)이 아니라 실제 우주의 모습이라 인정하고 그것을 입증하기 위해 노력한 것은 다름 아닌 갈릴레오 갈릴레이였다.

갈릴레이는 당시의 수준에서 보면 경이적인 성능을 지닌 천체망원경을 개발해 밤하늘의 별들을 관찰했다. 그는 이오, 유로파, 가니메데, 칼리스토 등 목성의 위성을 발견하고 금성에 영휴(盈虧, 천체의 빛이 그 위치에 의하여 증감하는 현상)가 존재한다는 사실을 알아냈으며, 달 표면은 울퉁불퉁하고 태양의 흑점이 이동한다는 사실을 발견했다. 갈릴레이는 그 발견을 바탕으로 지동설의 정당성을 주장하려 했다.

목성을 도는 위성의 존재는 우주에 천체의 운행 중심이 단 하나만 존재한다는 천동설의 주장과는 달리 다수의 중심이 존재한다는 사실을 알려준다. 또한 금성의 영휴도 지구나 금성이 태양의 주변을 돈다는 유력한 증거라고 할 수 있다. 더욱이 태양의 흑점이 이동한다는 사실은 태양이 자전하고 있음을 보여주며, 그것은 또한 지구가 자전하고 있다 해도 이상할 것이 없음을 암시하는 것이다. 또한 울퉁불퉁한 달 표면은 천체라는 것이 교회나 천동설을 주장하는 사람들이 생각하는 것처럼 완전무결한 존재가 아님을 입증해주고 있다. 다만 이러한 사실들은 지동설의 상황증거로는 충분하다 하더라도 결정적이고 직접적인 증거가 되기에는 아직 부족했다.

교회는 지동설을 이단으로 지목하고 코페르니쿠스의 저서를 금서로 지정했으며, 1616년에는 지동설을 지지하는 갈릴레이를 탄압하기 시작했다. 갈릴레이가 '그래도 지구는 돈다'고 중얼거렸다고들 하지만, 실은 그도 지동설에 대해 움직일 수 없는 증거를 파악했던 것은 아니었다.

케플러
케플러의 법칙 – 혹성은 타원 궤도를 그리며 움직인다

덴마크의 천문학자 티코 브라헤(Tycho Brache, 1546~1601)는 국왕이 특별히 하사한 후벤섬의 천문대에서 약 20년간 태양 · 달 · 혹성 · 항성의 엄밀한 위치를 관측했다. 1000개에 이르는 천체에 대하여 면밀하게 관찰하고 연구한 그는 당연히 천동설의 모순을 알아차렸다. 그래서 그는 '태양 주변을 5개의 혹성이 돌고 있고, 태양과 그 혹성이 다시 우주의 중심인 지구의 주위를 돌고 있다'는 지동설에 가까운 천동설을 제창했다. 브라헤 역시 교회의 속박에서 도망치기는 어려웠을 것이다.

지동설에 가까운 천동설이 국왕의 마음에 들지 않았던지, 브라헤는 얼마 안 가 국왕과 싸우고 후벤섬을 떠나 프라하로 건너갔다. 그곳에서 브라헤는 수학적 재능을 타고난 요하네스 케플러라는 독일인을 제자로 받아들였다. 지동설의 입장에서 보자면 그것은 생각지도 않은 행

케플러 Johannes Kepler, 1571~1630

튀빙겐대학에 장학생으로 입학해 신학을 공부하고 1591년 석사학위를 받았으나 신학에 싫증을 느끼고, M.메스트린 교수로부터 소개받은 코페르니쿠스의 지동설(地動說)에 감동되어 천문학으로 전향했다. 그후 그라츠대학에서 수학과 천문학을 강의하는 한편 1595년 천체력을 발표하기도 했던 그는 1600년 프라하로 옮겨 브라헤의 제자가 되었다. 그후 행성들의 합(合)을 연구하던 중 1604년 초신성을 발견했고, 1609년 화성관측 결과를 『신(新)천문학』이라는 제목으로 출판했다. 여기서 행성의 운동에 관한 제1법칙과 제2법칙을 발표해 코페르니쿠스의 지동설을 수정 · 발전시켰다. 1619년에는 『우주의 조화De Harmonices Mundi』를 출판해 행성운동의 제3법칙을 발표했다.

제1법칙 : 혹성은 태양을 하나의 초점으로 하는 타원궤도를 그리
며 공전한다

제2법칙 : 혹성과 태양을 연결하는 선분은 같은 시간에 같은 넓이
를 그리며 움직인다(면적 속도 일정의 법칙)

제3법칙 : 혹성의 공전주기 P의 제곱은 공전궤도의 긴 반지름 a의
세제곱에 비례한다
k를 비례 정수라 하면·· $P^2 = ka^3$

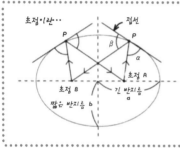

타원의 성질

점 P가 타원상의
어디에 있더라도
PA + PB는 일정하다
점 P에 접선을 그으면
$\angle \alpha = \angle \beta$가 성립한다

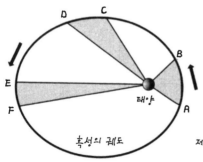

혹성의 궤도

혹성의 A→B, C→D, E→F
이동시간이 같을 때, 도면의
음영 부분의 면적은 모두 같다

제2법칙(면적 속도 일정의 법칙)

운이었다고 할 수 있다. 발군의 수학능력을 갖고 있는 케플러는 브라헤가 축적한 방대한 관측 자료를 지동설의 입장에서 해석할 기회를 만났기 때문이다.

케플러는 '지구를 포함한 5개의 혹성은 태양을 중심으로 원운동하고 있다'는 가정을 바탕으로 브라헤가 남긴 자료를 해석하고 그것을 설명하려 했다. 하지만 아무리 노력해도 원하는 결과가 나오지 않았다. 그래서 그는 혹성이 원운동을 하고 있다는 옛날부터 내려온 선입관을 버리고, '혹성은 태양을 하나의 초점으로 하는 타원 궤도 위를 움직이고 있다'는 가설을 바탕으로 브라헤의 관측 자료를 검증해보았다. 그러자 가설에 기초한 혹성의 운동과 실제 관측 자료가 정확히 일치했다. 그의 천재적인 수학 능력이 힘을 발휘한 것이었다.

케플러는 마침내 '케플러의 법칙'이라 부르는 혹성의 운동에 관한 3개의 법칙을 끌어내었다. 케플러는 왜 그러한 법칙이 성립하는지를 스스로 설명할 수는 없었지만, 혹성의 운동에 그렇게 아름다운 규칙성이 있음을 밝혀내었고, 이쯤에 이르자 비로소 사람들은 지동설을 의심할 수 없는 사실로 받아들이게 되었다. 참고로 말하자면, 지구의 궤도도 수학적으로는 태양을 하나의 초점으로 하는 타원인데, 그 타원을 탁상 크기로 축소하면 컴퍼스로 그린 원에 한없이 가깝다.

뉴턴
관성의 법칙 – 힘이 가해지지 않는 한 물체는 현 상태를 유지한다

천체 관측 데이터를 기하학적으로 해석하는 것이 주류를 이루던 우주론의 세계에, 근대물리학의 상징이라 할 수 있는 '대수학적 관점에서 엄밀하게 정의된 운동의 개념'을 도입한 것은 아이작 뉴턴이었다. 뉴턴 이전의 학자들은 혹성을 관측해 축적한 데이터를 서로 연결시켜 혹성이 타원 궤도를 그리며 움직인다는 사실을 기하학적으로 추리·증명하는 것으로 만족했다. 그러나 뉴턴은 왜 혹성의 궤도가 타원이 되는지를 근본적으로 해명하는 것이 훨씬 중요하다고 생각했다. 그리고 그는 그것을 위해 필요한 기본적 도구로서 '뉴턴 역학의 3가지 법칙'과 '만유인력의 법칙'을 제시했다.

뉴턴 역학의 제1법칙은 '관성의 법칙'이다. 정지해 있거나 등속운동(일정 속도를 가진 물체의 운동)을 하는 물체는 힘을 가하지 않는 한 그 운동 상태를 지속한다는 법칙이다. 달리던 버스가 급정거하면 앞으로 넘

뉴턴 Isaac Newton 1642~1727

17세기 과학혁명의 상징적인 인물이다. 광학·역학·수학 분야에서 뛰어난 업적을 남겼고 1687년에 출판된 『자연철학의 수학적 원리Philosophiae Naturalis Principia Mathematica』는 근대과학에 있어서 가장 중요한 책으로 꼽힌다. 수학에서 미적분법 창시, 물리학에서 뉴턴역학의 체계 확립, 뉴턴역학에서의 수학적 방법 등은 자연과학의 모범이 되었고, 사상 면에서도 역학적 자연관은 후세에 커다란 영향을 끼쳤다. 영국 과학의 대부 역할을 한 그는 1703년 왕립학회 회장으로 선출되었고, 1705년 과학자로서는 최초로 기사작위를 받았다.

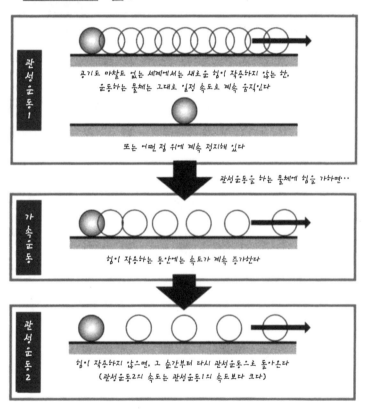

어지거나 브레이크를 급히 밟아도 차가 앞으로 밀리는 경우, 트럭이 급커브를 돌면 가득 실은 짐들이 도로로 쏟아지는 경우, 컵 아래의 얇은 종이를 갑자기 빠르고 세게 당기면 컵은 그 자리에 가만히 있는 현상이 관성의 법칙의 예이다.

하지만 우주에는 진정한 의미에서 절대적으로 정지해 있는 것이 아무것도 없기 때문에, 여기에서 말하는 정지란 어떤 특정한 기준(좌표계)에 대하여 멈춰 있는 것을 의미한다. 물론 등속운동도 특정한 기준에 대하여 일정 속도로 운동하고 있음을 의미한다. 열차가 멈춰 있을 경우, 그것은 지구 표면의 특정한 지점에 대하여 멈춰 있는 것으로 보일 뿐이며, 지구 자체는 자전 운동과 공전 운동을 하고 있기 때문에, 우주 공간에서 본다면 열차 또한 움직이고 있다. 마찬가지로 일정 속도로 움직이고 있는 열차의 경우도 우주에서 바라본다면 지구에서 보는 것과는 다르게 움직이고 있을 것이다. 그렇기 때문에 물체의 운동 양태를 과학적으로 드러내기 위해서는 어떤 기준과 논리 전개에 필요한 기본적 약속 사항을 명확히 정해두어야 한다.

뉴턴
가속도의 법칙 – 가속도는 힘에 비례하고 질량에 반비례한다

뉴턴 역학 제2법칙은 '가속도의 법칙'이다. 경사진 평면을 따라서 공을 굴리면 공은 구르기 시작한 후 시간이 경과함에 따라서 속도가 증가한다. 이와 같이 시간에 따라서 속도가 변하는 비율(比率)을 가속도라고 한다.

이러한 가속도가 힘의 크기에 비례하고, 힘의 방향과 같은 방향으로 작용한다는 법칙이 '가속도의 법칙'이다. 뉴턴의 운동방정식이라 부르기도 하며 'f = ma'라는 수식으로 잘 알려져 있다. 이때 f는 힘의 크기, m은 물체의 질량, a는 가속도, 즉 물체에 힘을 가할 때에 생기는 초당 속도 증가량(또는 속도 감소량)을 나타낸다. 물론 물체에 작용하는 힘 f는 m과 a의 값이 커질수록 커진다.

1초 전의 물체의 운동 속도를 기준으로 했을 때, 그 뒤에 이어지는 1초 사이에 운동 속도가 늘거나 줄지 않으면, 그 사이에 물체에 작용한 힘, 즉 가속도 a = 0이 된다. 가속도 a가 0이 되면, 그 이후 물체는 등속 운동(관성 운동)을 하게 된다.

뉴턴 역학의 본질이라고 말해도 좋은 운동방정식(f = ma)은 힘에 대한 정의(힘이란 무엇인가에 대한 기본적인 약속)라고 바꿔 말할 수 있다. 누구나 힘이 무엇인지 알고 있는 것 같지만, 힘이 확실히 무엇인지 구체적으로 정의해보라고 한다면 그 실체를 확연히 파악하기 힘든 면이

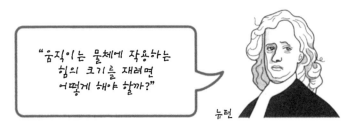

"움직이는 물체에 작용하는
힘의 크기를 재려면
어떻게 해야 할까?"

뉴턴

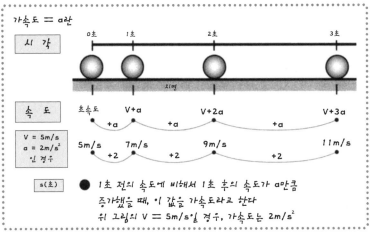

가속도 = a란

시 각

속 도

초속도   V+a   V+2a   V+3a

V = 5m/s
a = 2m/s²
인 경우

5m/s 7m/s   9m/s   11m/s

s(초)

● 1초 전의 속도에 비해서 1초 후의 속도가 a만큼
증가했을 때, 이 값을 가속도라고 한다
위 그림의 V = 5m/s일 경우, 가속도는 2m/s²

물체의 질량이 일정할 때는 가하는 힘이 클수록 가속도가 커진다
가속도가 일정할 때는 물체의 질량이 클수록 가하고 있는 힘이 크다
힘이 일정할 때는 물체의 질량이 클수록 가속도는 작아진다
그러므로 힘(f)은

$$f = ma$$

f = 힘
m = 물체의 질량
a = 가속도

라는 식으로 표현할 수 있다

있다. 뉴턴은 그러한 힘을 세계 최초로 명확히 정의하려고 시도했다.

그는 힘을 수학적으로 명확히 기술할 수 없다면, 천체의 운동에 대한 엄밀한 연구를 추진할 수 없다는 사실을 알고 있었다. 그리고 직접적으로 눈에 보이지 않는 힘이라는 존재를 수량적으로 기술하기 위해서는 힘이 가해진 일정 질량의 물체가 매초마다 얼마만큼 운동 속도가 증가하는가를 보여주는 간접적인 방법밖에 없으며, 그것이 그 시점에서 생각할 수 있는 최선의 방법이라고 확신했다.

뉴턴
작용 반작용의 법칙 – 가해진 힘의 역방향으로 같은 힘이 작용한다

f = ma라는 힘의 정의가 얼마나 절묘한 것인지는 자신이 뉴턴이라 가정하고 힘에 대한 다른 정의를 생각해보면 알 수 있다. 금방 생각이 막혀버릴 것이다. 뉴턴의 힘에 대한 정의는 시간과 공간의 절대성을 인정하는 한 완벽해 보였다. 뉴턴에 뒤지지 않는 새로운 천재가 등장해 이 정의를 뛰어넘는 데는 200년이라는 시간이 필요했다.

뉴턴 역학의 제3법칙은 '작용 반작용의 법칙'이다. 어느 물체에 힘을 작용하면, 가해진 힘의 방향과 정반대(반작용) 방향으로 같은 크기의 힘이 작용한다는 원리이다. 얼핏 보기에는 평범해 보이지만, 물체와 천체 간에 작용하는 힘의 상호작용을 생각할 때 반드시 필요하다. 총을 쏘면 총이 뒤로 밀리거나(총과 총알) 지구와 달 사이의 만유인력(지구와 달), 건너편 언덕을 막대기로 밀면 배가 강가에서 멀어지는 경우가 그 예이다.

뉴턴은 스스로 이끌어낸 3가지 법칙을 바탕으로, 지구는 물론이거니와 태양계와 은하계에 이르는 다양한 현상을 해명하고 설명하려 했다. 될 수 있는 한 적은 원리와 법칙을 바탕으로 가능한 한 많은 현상을 해명하려 노력하는 근대물리학의 이념은 뉴턴에 의해 창시되었다고 해도 과언이 아닐 것이다.

사과가 나무에서 떨어지는 것도, 공중에 집어던진 작은 돌이 포물선

● 나무를 밀면 같은 힘으로 되민다

힘 좀 써 봐!

영차영차

● 질량이 큰 것은 거의 움직이지 않는다
질량이 작은 것은 튕겨나온다

A

B

● A와 B가 줄다리기를 하면 둘의 힘의
크기는 같지만, 겉으로 보기에는
B가 A에게 끌려간다

"내 역학 3법칙을 써서 사과가 땅에
떨어지는 원리와 혹성이 태양을
도는 원리가 같다는 사실을
설명할 수 있다!"

뉴턴

을 그리는 것도, 달이 지구를 도는 것도, 나아가서는 혹성이 태양을 도는 것도 모두 같은 원리로 설명할 수 있다고 간파하는 일은 결코 쉽지 않았을 것이다. 그러나 뉴턴은 예리하게 단련된 통찰력으로 자연계에 존재하는 물체의 다양한 운동 배후에 숨겨진 공통보편의 원리를 정확하게 꿰뚫어 보았다.

분명 뉴턴은 근대과학 성립의 최고의 공로자였다. 그리고 그가 주장한 '자연은 일정한 법칙에 따라 운동하는 복잡하고 거대한 기계'라는 역학적 자연관은 18세기 계몽사상의 발전에 지대한 영향을 주었다.

뉴턴
만유인력의 법칙 1 – 왜 사과는 나무에서 떨어질까?

뉴턴이 나무에서 사과가 떨어지는 것을 보고 만유인력의 법칙을 발견했다는 이야기는 믿기 어려운 구석이 있다. 그렇지만 그가 물체가 땅에 떨어질 때의 운동 원리와 달이나 혹성의 운행 원리에 공통점이 있을 것이라고 직관적으로 파악한 것은 사실이다. 뉴턴은 스스로 제창한 3가지 역학 법칙을 바탕으로 이 문제를 해명하려 애썼다.

어떤 물체가 낙하할 때, 그 낙하 속도는 시간의 경과와 함께 증대한다. 질량 m인 물체가 낙하할 때, 그 가속도 a(1초 전의 속도에 대한 1초 후의 속도 증가량)는 실험을 통해 측정할 수 있다. 그렇다면 이 물체의 낙하 운동에는 제2법칙에 따라 $f = ma$로 표현할 수 있는 보이지 않는 힘이 작용한다는 말이 된다. 그것이 바로 물체를 떨어지게 하는 힘의 정체이다.

이 보이지 않는 힘 f는 질량이 엄청나게 큰 지구가 지구에 비해서 질량이 매우 작은 물체 m을 끌어당겨 생길 것이다. 그러나 제3법칙에 따르면, 작용하는 힘에 대하여 반드시 반작용의 힘이 존재할 것이기 때문에, 낙하하는 것으로 보이는 물체도 실은 같은 힘으로 지구를 끌어당기고 있다고 보아야 한다.

만약 물체를 수평 방향으로 던지면 어떻게 될까? 물체와 지구 사이에는 보이지 않는 힘이 계속 작용하겠지만, 그와 더불어 제1법칙에서

가속도 a(9.8m/s²)가
작용해 사과의 낙하속도는
점점 빨라진다
사과의 질량을 m이라 하면
아래쪽으로 작용하는
이 힘은 'F = ma'라고
표현할 수 있다

일방적으로 지구가 사과를 끌어당기고 있는 것처럼 보이지만,
제3법칙(작용 반작용)에 따르면 사과 또한 지구를 끌어당긴다고 보아야 한다

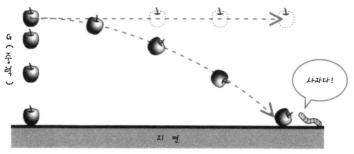

G (중력)

사과다!

지 면

사과를 수평 방향으로 던지면…
수평 방향의 속도(관성)는 일정하다

보여준 관성의 힘(물체를 던지는 순간에는 수평 방향으로 힘이 작용하지만, 던진 뒤에는 수평 방향에 가속도를 낳는 새로운 힘이 가해지지 않기 때문에 관성 운동이 된다)도 수평 방향에 계속 작용한다. 이 두 힘이 합쳐진 결과 물체는 수평으로 뿌려진 물의 궤적처럼 포물선을 그리며 땅에 떨어진다.

뉴턴
만유인력의 법칙 2 – 지구와 천체 사이의 보이지 않는 끈

　뉴턴은 더욱 생각을 진행시켰다. 그렇다면 물체를 조금 더 빠른 속도로 수평 방향으로 내던질 수 있다면 어떻게 될까? 지구 주변에는 공기가 있기 때문에 마찰력이 작용하지만, 가령 공기가 없다고 가정해보자. 물체를 수평으로 내던지는 초기 속도가 매우 크다면, 물체가 그리는 운동 곡선은 포물선이 아니라, 지구를 1/4 바퀴, 1/2 바퀴, 3/4 바퀴, 결국에는 1바퀴를 도는 곡선이 될 것이다.

　그렇다면 수평 방향의 초기 속도를 더욱 크게 하면 어떻게 될까? 사람이 작은 구슬을 끈 끝에 묶어 자기를 중심으로 삼아 빙빙 돌릴 때와 마찬가지로, 물체가 지구 주변을 돌기 시작할 때가 올 것이다(인공위성의 원리).

　그 속도보다 초기 속도가 더욱 크면, 물체는 나선을 그리며 지구에서 서서히 멀어지고, 만일 그 속도보다 초기 속도가 조금 작으면, 물체는 역시 나선을 그리면서 서서히 지구로 떨어져 내릴 것이다. 왜냐하면, 물체와 지구 사이에 눈에 보이지 않는 힘이 작용하고 있기 때문이다. 만약 그 힘이 없다면, 제1법칙에서 말한 관성의 힘에 따라 물체는 등속 직선 운동을 하면서 우주 저편으로 날아가 버릴 것이다.

　작은 구슬을 끈 끝에 묶어 회전시킬 경우, 사람도 구슬을 잡아당기지만 구슬 쪽에서도 같은 힘으로 사람을 잡아당긴다. 물체와 지구를 묶

❶에서 물체 A의 수평 방향의 초기 속도를 V라고 하면,

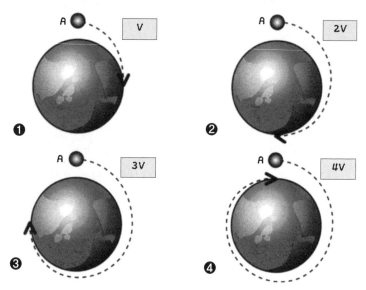

위 그림의 초기 속도 V가 어느 속도(약 7.8km/s)에
도달하면, 지구 주변을 돌기 시작한다

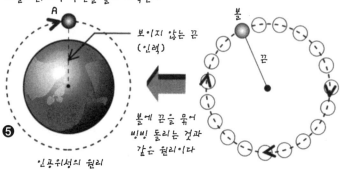

보이지 않는 끈
(인력)

볼에 끈을 묶어
빙빙 돌리는 것과
같은 원리이다

❺ 인공위성의 원리

볼

끈

는 끈은 보이지 않지만, 지구와 그 주변을 운동하는 달 같은 천체 사이에도 비슷한 관계가 존재한다. 이 불가사의한 힘의 정체는 과연 무엇일까? 그 원인을 해명하는 것은 어려운 일이겠지만, 조금 더 그 성질을 탐구해보자. 뉴턴은 궁리를 거듭했다.

만유인력의 법칙 3 – 두 천체의 움직임으로 천체의 질량비를 구한다

질량이 같은 별들 사이에 보이지 않는 힘이 작용하고 서로 끌어당기면서 서로의 주변을 돌려고 한다면, 상대방 별의 중심이 아니라 2개의 별의 중심을 연결하는 선분의 중점, 즉 두 별의 공통 중심을 돌게 된다. 지구와 달의 경우는 어떨까? 지구의 질량을 m, 달의 질량을 n, 지구의 중심을 P, 달의 중심을 Q라고 하면, 선분 PQ를 n : m으로 내분하는 점 G(지구와 달의 공통 중심)가 회전운동의 진짜 중심이 될 것이다. 달도 지구도 G점을 중심으로 도는 것인데, 지구의 질량이 달의 질량보다 훨씬 크기 때문에 중심 G는 한쪽으로 쏠려 지구의 내부에 위치한다. 그렇기 때문에 움직임이 작은 지구를 움직임이 큰 달 쪽에서 돌고 있는 것처럼 보이게 된다.

그렇다면 혹성과 태양 사이에 대해서도 같은 얘기를 할 수 있다. 혹성과 태양은 서로 보이지 않는 힘으로 끌어당기면서 공통 중심의 주변을 돌고 있다. 그렇지만 태양의 질량이 혹성의 질량에 비해 압도적으로 크기 때문에, 태양은 중심에 정지해 있고, 혹성만 태양의 주변을 도는 것처럼 보인다. 그렇기 때문에 서로 함께 도는 2개의 천체의 움직임을 관찰해 공통 중심의 위치를 조사하면, 역으로 그 천체의 질량의 비를 구할 수 있다.

이 생각은 우주의 모든 천체 운동에 적용할 수 있다. 작은 물체와 작

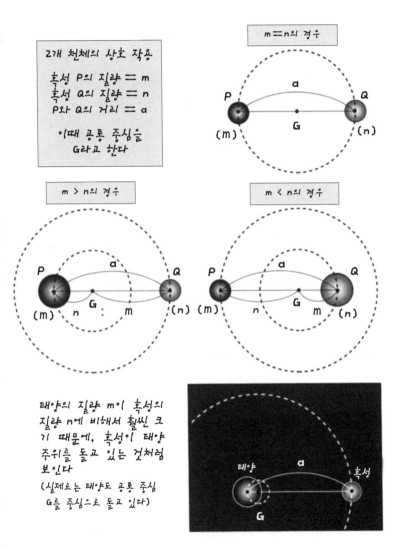

은 물체 사이, 작은 물체와 큰 물체 사이, 그리고 큰 물체와 큰 물체 사이에도 공통적으로 작용하는, 눈에 보이지 않는 이 불가사의한 힘을 '만유인력' 이라고 부르기로 하자. 이 힘을 수식으로 표현할 수 있다면, 그것을 바탕으로 케플러의 법칙을 이끌어낼 수 있을 것이다. 뉴턴은 그렇게 추론했다.

뉴턴
만유인력의 법칙 4 – 케플러의 법칙을 이끌어내다

뉴턴이 만유인력의 법칙을 표현하는 방정식을 이끌어내는 과정은 수학적 · 물리학적으로 매우 복잡하기 때문에 여기서는 생략하기로 한다. 하여튼 역학 3법칙에서 출발한 그는 f = ma라는 운동 방정식을 원운동의 원심력과 구심력을 표현하는 방정식으로 발전시키고, 그 방정식에 태양의 질량 M, 혹성의 질량 m과 공통 중심에서 혹성까지의 거리 d, 태양과 혹성의 거리 a, 혹성의 공전주기 P 따위의 요소를 연결시키려고 했다. 그리고 가장 먼저 '혹성이 태양에서 받는 힘은 혹성의 질량에 비례하고, 거리의 제곱에 반비례한다'라는 법칙을 끌어내었다.

그런데 태양이 혹성을 끌어당기고 있다면, 작용 반작용의 법칙에 따라 혹성도 같은 힘으로 태양을 끌어당기고 있어야 한다. 그렇다면 이 인력의 크기는 태양의 질량과 반비례할 것이다.

그래서 뉴턴은 앞서 언급한 법칙을 더욱 밀고 나가, '우주에 있는 2개의 물체는 모두 서로 끌어당긴다. 그 힘의 크기 f는 각각의 물체의 질량 M, m의 곱에 비례하고, 물체간의 거리 r의 제곱에 반비례한다'는 일반적인 법칙으로 발전시켰다. 즉 f = G×Mm/r²이 되고, 이것이 우리가 알고 있는 만유인력의 법칙이다. 비례상수 G는 만유인력상수라고 한다.

더 나아가 뉴턴은 만유인력의 법칙이 타원 궤도를 그리는 혹성의 운

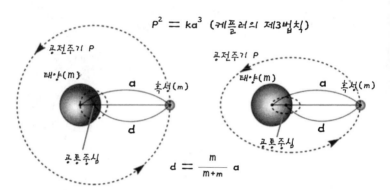

$$P^2 = ka^3 \ (케플러의 \ 제3법칙)$$

공통중심을 중심으로 거의
원운동을 한다고 가정할 경우

공통중심을 초점으로 타원운동에
가까운 운동을 한다고 가정할 경우

$$d = \frac{m}{m+m} \, a$$

뉴턴은 일생을 바쳐 여러 가지로 계산해본 결과
질량 m인 태양과 질량 m인 혹성 사이에 작용하는 인력 f는

$$f = G \, \frac{mm}{a^2} \ (G는 \ 인력상수)$$

라고 표현할 수 있다는 사실을 알게 되었다
이 힘은 태양과 혹성 사이에서뿐만 아니라, 다른 모든 2개의 물체
사이에서도 작용하는 힘이기 때문에, 물체간의 거리를 r이라 하면

$$f = G \, \frac{mm}{r^2} \ (만유인력의 \ 법칙)$$

이 된다

"이 만유인력의 방정식을 사용하면
케플러의 법칙도 설명할 수 있다!"

뉴턴

동에도 적용됨을 증명하고, 그것을 바탕으로 해서 케플러의 법칙을 끌어내었다. 이와 같은 뉴턴의 획기적인 업적을 통해, 지동설은 비로소 완전한 논리적 근거를 얻을 수 있었고, 마침내 불변의 진리가 되었다.

뉴턴
만유인력의 법칙 5 – 우주는 무한하다

1687년, 뉴턴은 일련의 이론을 자신의 저서 『프린키피아』에 공식적으로 발표했다. 이 책에 실린 역학 3법칙과 만유인력의 법칙은 후대 천문학 발전의 기반이 되었다. 끈 끝에 매달린 작은 구의 회전주기가 끈이 짧을수록 짧아지듯이, 혹성이 태양에 가까울수록 그 공전주기도 짧아진다는 것, 그리고 혹성간의 공전주기의 차가 혹성의 역행 현상을 초래한다는 사실도 뉴턴의 이론으로 명쾌하게 설명할 수 있었다.

핼리혜성으로 유명한 천문학자 에드먼드 핼리(Edmond Halley, 1656~1742)는 당시 출현한 혜성의 움직임을 뉴턴 역학을 이용해 해석하고, 그 혜성이 태양을 초점으로 삼아 타원궤도를 그리며 76년 주기로 공전한다는 사실을 밝혀냈다. 핼리가 죽은 뒤, 1758년에 그가 예언한 대로 혜성이 다시 모습을 드러냈고, 뉴턴 역학의 정당성도 다시 한 번 확인되었다.

뉴턴은 각각의 항성이 태양계와 같은 구조일 것이라고 생각해, 항성천구를 우주의 끝이라 여기는 아리스토텔레스의 우주를 부정했다. 만일 우주가 유한하다면 우주에는 중심과 가장자리가 있을 것이고, 그렇다면 만유인력의 작용으로 가장자리에 있는 별들은 별의 밀도가 높은 중심을 향해 몰려들 것이다. 그 결과, 최후에는 모든 별이 중심에 모이고 우주는 찌부러질 것이기 때문이다.

해리혜성의 궤도

태양

"뉴턴 역학으로 계산하면,
이 혜성은 76년 뒤에 지구와
태양 근처에 돌아올 것이다!"

해리

우주가 유한하다면…

"만유인력에 의해 중심에
모든 별이 모이고,
우주는 찌부러져버린다
그러므로 우주는
무한해야 한다"
-뉴턴의 생각

뉴턴은 '영구불변하는 우주는 중심도 가장자리도 없는, 무한한 넓이를 가져야 한다'고 추론했다. 그렇지만 핼리는 무한한 우주 따위가 있을 리 없다고 반론했다. 핼리는 별이 무한히 존재한다면 밤하늘은 어디를 보아도 밝아야 할 것이라고 생각했다. 이야기가 어려워질 것 같아 자세히 설명하지는 않겠지만, 이 문제는 100년 뒤 '올버스의 패러독스'로 다시 등장하게 된다.

올버스의 패러독스

독일의 아마추어 천문가 H.M. 올버스가 1823년 제기했다. 소행성 2번 팔라스와 4번 베스타의 발견자이기도 한 올버스는 먼 우주를 여행하는 빛이 우주 공간을 지나면서 우주공간을 채운 물질들에 조금씩 흡수된다는 가정을 세웠다. 그래서 지구에 닿는 빛은 약하다는 것이다. 하지만 빛에너지를 흡수한 물질은 에너지가 높아지고 계속 빛을 흡수하다 보면 그 자신이 나중에 온도가 높아지며 빛을 발하게 된다. 결국 원점으로 돌아오는 셈이다. 이것은 당대의 유명한 천문학자인 허셜을 비롯한 많은 이들이 지적한 것이다. 그래서 이 문제를 '올버스의 패러독스'라고 부른다.

뉴턴
절대시간, 절대공간 – 불변하는 시간과 공간

뉴턴 역학이 성립하려면 2개의 전제 조건이 필요했다. 하나는 이 우주에 흐르는 시간은 다른 존재와 관계없이 일정불변의 리듬을 그리며 나아간다는 '절대시간', 또 하나는 공간은 모든 방향에서 균질한 동시에 움직이지 않는다는 '절대공간'이다. 우주에서 시간이 일정한 속도로 흐르지 않는다면, 공간의 성질이 방향이나 장소마다 달라질 것이고, 운동하는 물체나 천체의 관측 결과가 같게 나올 수 없다.

뉴턴은 시간이나 공간이 일정하지 않은 기묘한 세계가 존재한다면, 우주의 질서는 무너져 버린다고 생각했다. 뉴턴 역학에서 절대불변의 시간과 공간이라는 개념은 반드시 지켜야 할 불가침의 성역이었다. 오스트리아의 에른스트 마흐(Ernst Mach, 1838~1916)처럼 '공간이나 시간은 절대불변이 아니라 상대적인 것'이라고 비판하는 선구적인 학자도 있었지만, 그러한 소수의 목소리는 거의 무시당하고 조롱당했다.

1900년 정월 초하루, 당시 물리학회 최고 지도자였던 켈빈 경(본명은 윌리엄 톰슨(William Thomson, 1824~1907)]은 영국 왕립과학아카데미에서 "현대물리학의 시계에 검은 구름은 아주 조금밖에 남아 있지 않다. 우리들은 우주의 모든 것을 뉴턴 역학에 기초한 물리학 법칙만으로 설명할 수 있는 단계에 도달했다"고 선언했다. 절대온도를 표시하는 K(켈빈)이라는 단위로 후세에 이름을 남긴 그는 에테르 이론의 일인자였

"우주에서 시간은 일정한
속도로 나아간다
공간은 모든 방향에서
균질하며 정지되어 있다
이것은 의심할 나위없는
사실이다"

뉴턴

"현대물리학의 시계에서
검은 구름은 거의 사라졌다
뉴턴 역학의 승리는
머지않았다"

켈빈

으악!
먹구름이다!

다. 켈빈이 말한 검은 구름은 1881년 미국의 앨버트 마이컬슨과 에드워드 몰리가 행한 '에테르 바람' 측정 실험 결과를 가리킨다. 그러나 켈빈 경의 예상과는 달리 그 자그마한 검은 구름은 머지않아 거대한 폭풍우를 몰고 왔다.

마이컬슨과 몰리
에테르 – 빛을 전달하는 매개물질

빛에 파동의 성질이 있다는 사실은 알려져 있었지만, 파동은 진공 속에서 전달될 수 없기 때문에, 빛이 우주공간을 옮겨가는 사실을 설명하기 위해서는 매개물질의 존재가 필요했다. 그래서 우주는 '에테르 (ether)'라는 눈에 보이지 않는 가상물질로 가득 차 있다고 생각하게 되었다. 에테르 존재설은 '만유인력이 왜 작용하는가'라는 근본적인 난제를 풀 실마리가 될 것 같았다. 물론 여기에서 말하는 에테르의 역할과 범위는 고대 그리스의 아리스토텔레스가 주장했던 에테르와는 전혀 관계가 없다.

마이컬슨 Albert Abraham Michelson, 1852~1931
1873년 아나폴리스의 해군사관학교를 졸업, 2년간의 해상근무를 마치고 모교에서 물리·화학을 강의했다. 그 동안 광학·음향학에 흥미를 가져 광속도 측정 실험에 착수했고, 이 연구가 인정을 받아 1879년 항해력국(航海曆局)에 초빙되어 광속도 측정에 종사했다. 이듬해 유럽에 유학해 베를린·하이델베르크·파리 등지의 대학에서 공부하고, 1881년 정밀도가 뛰어난 마이컬슨간섭계를 제작했다. 1883년 귀국해 클리블랜드의 케이스응용과학학교 교수, 1892년 시카고대학 교수가 되었다. 1885년경부터는 운동하는 매질(媒質) 속에서의 광속 문제를 다루어 몰리의 협력 하에 마이컬슨-몰리의 실험을 실시, 빛을 전하는 에테르는 매질의 속도와 관계없음을 확인했다.

몰리 Edward Williams Morley, 1838~1923
뉴저지주(州) 뉴어크 출생. 1864년 앤드버신학교를 졸업했으나, 목적을 바꾸어 화학을 연구하여, 1968년 웨스턴리저브대학의 자연철학 및 화학 교수가 되었다. 케이스응용과학학교의 마이컬슨과 협력해 지구와 에테르의 상대운동에 관한 측정실험에 착수, 1887년 측정 결과가 부정적임을 밝힘으로써 아인슈타인의 상대성이론 건설을 향한 중요한 한 걸음이 되었다.

만약 우주를 가득 채운 에테르가 정지해 있지 않다면, 풍랑이 심한 바다 위를 항해하는 배처럼 그 속을 움직이는 천체의 운동에 복잡한 영향을 끼칠 것이고, 뉴턴 역학만으로 별들의 운행을 설명할 수 없게 된다. 그래서 과학자들은 에테르를 우주에 대해 절대적으로 정지해 있는 물질이라 가정했다. 에테르가 정지해 있다고 하면, 빛의 속도나 천체의 운동을 조사하려 할 때 계측의 절대 기준으로 삼을 수 있기 때문에 편리한 점이 있다. 그렇지만 에테르가 존재한다는 결정적인 증거는 아직 검출되지 않았다.

그래서 마이컬슨과 몰리는 에테르의 존재를 실험적으로 증명하려고 시도했다. 그들은 절대적으로 정지해 있는 에테르에 대해서 지구가 어떠한 운동을 하고 있는지 조사할 계획을 세웠다. 태양계 자체가 에테르에 대해서 움직이고 있을 가능성도 있지만, 적어도 지구는 태양을 중심으로 매 초당 30km의 속도로 공전하고 있으므로, 지구가 공전하는 방향과 그것에 수직인 방향에서는 에테르 안을 진행하는 빛의 속도가 초속 30km 가량 다를 것이다. 그렇게 생각한 그들은 그 차이를 검증하기 위해 교묘한 장치를 고안했다.

마이컬슨과 몰리가 거울을 이용해 행한 빛에 대한 실험을, 지구를 트럭으로, 빛을 탄환으로, 에테르를 공기로 치환해 비유적으로 다음과 같이 서술할 수 있다.

무풍상태인 대기(에테르) 속을 달리는 트럭(공전하는 지구)은 진행 방향(공전 방향)에서 공기 저항(에테르 바람)을 받는다. 따라서 트럭의 짐칸(지구상)에서 진행 방향으로 발사된 탄환(빛)도 일정한 공기 저항(에테르 바람)을 받는다. 그 경우, 트럭의 짐칸에서 진행 방향으로 발사된

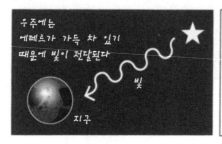

우주에는
에테르가 가득 차 있기
때문에 빛이 전달된다

빛

지구

당시에는
"빛은 파동이기 때문에 진공을
이동할 수 없으며, 멀리 있는
별빛이 지구에 도달하는 것은
우주에 파동을 전달하는 에테
르가 가득하기 때문이다"라고
생각했다

마이컬슨-몰리 실험

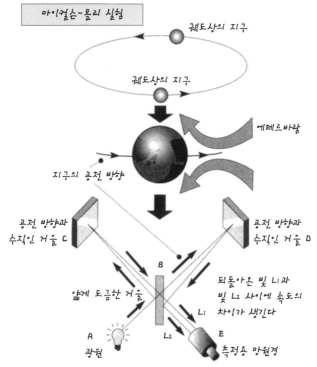

궤도상의 지구

궤도상의 지구

에테르바람

지구의 공전 방향

공전 방향과
수직인 거울 C

공전 방향과
수직인 거울 D

B

얇게 도금한 거울

되돌아온 빛 L₁과
빛 L₂ 사이에 속도의
차이가 생긴다

L₁

A
광원

L₂

E
측정용 망원경

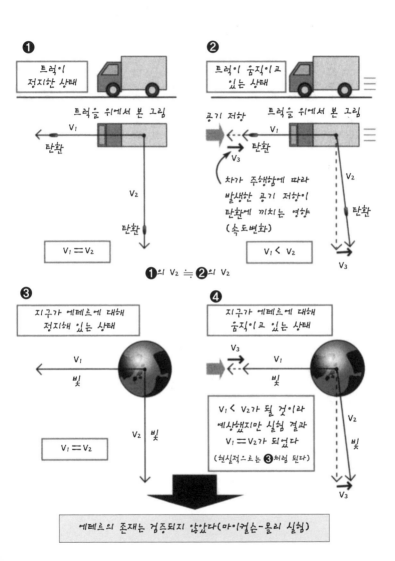

❶
트럭이
정지한 상태

트럭을 위에서 본 그림
V_1
탄환
V_2
탄환
$V_1 = V_2$

❷
트럭이 움직이고
있는 상태

공기 저항   트럭을 위에서 본 그림
V_1
탄환
V_3

차가 주행함에 따라
발생한 공기 저항이
탄환에 끼치는 영향
(속도변화)
$V_1 < V_2$

V_2
탄환
V_3

❶의 $V_2 \fallingdotseq$ ❷의 V_2

❸
지구가 에테르에 대해
정지해 있는 상태

V_1
빛
V_2 빛
$V_1 = V_2$

❹
지구가 에테르에 대해
움직이고 있는 상태

V_3
V_1
빛

$V_1 < V_2$가 될 것이라
예상했지만 실험 결과
$V_1 = V_2$가 되었다
(현실적으로는 ❸처럼 된다)

V_2
빛
V_3

에테르의 존재는 검증되지 않았다(마이컬슨-몰리 실험)

탄환의 속도(빛의 속도)를 트럭에서 계측하면, 탄환(빛)의 속도는 본래의 속도보다 공기 저항(에테르 바람)의 영향을 받은 만큼 늦어진다.

한편, 같은 트럭의 짐칸(공전하는 지구)에서 진행 방향과 직각을 이루는 방향(지구의 공전 방향과 수직인 방향)으로 탄환(빛)을 발사하면, 트럭의 주행(지구의 공전)에 따른 공기 저항(에테르 바람)의 영향은 매우 작기 때문에, 탄환(빛)은 본래의 속도와 거의 비슷한 속도로 진행하게 된다.

따라서 양방향의 탄환(빛)의 속도를 트럭의 짐칸(지구상)에서 측정하면, 속도에 상당한 차이가 생길 것이라 예측된다. 그 차이가 검출되면, 그것은 공기(에테르)가 존재한다는 증거가 된다.

하지만 모두의 예상과는 달리, 마이컬슨–몰리 실험의 결과에서 에테르가 존재한다는 증거가 될 빛의 속도 차이는 전혀 검출되지 않았다. 더구나 이 실험 결과는 소리와 달리 빛의 속도는 발광체의 운동 속도에 전혀 영향을 받지 않는다는 놀라운 사실을 보여주고 있었다.

로렌츠
로렌츠 변환 – 운동하는 물체는 수축한다

시속 50km로 달리는 기차 안에서 진행 방향으로 시속 5km로 걷는 사람을 지상에서 보면 시속 55km로 걷고 있는 것처럼 보인다. 또 같은 기차 안에서 진행 방향과 반대로 시속 5km로 걷는 사람을 지상에서 보면 시속 45km로 이동하고 있는 것처럼 보인다. 마이컬슨-몰리 실험의 결과는 이러한 덧셈 뺄셈이 빛에 대해서는 성립하지 않는다는 사실을 암시하고 있었다. 물론 당시의 물리학계는 이 새로운 사실의 발견에 엄청난 충격을 받았고, 에테르 존재설은 뿌리 밑바닥부터 흔들리기 시작했다.

하지만 에테르 존재설에 대한 집착을 끊어버리지 못한 연구자들 가운데, 모순을 피하기 위해 엉뚱한 설명을 고안해내는 사람이 나타났다. 네덜란드의 로렌츠와 아일랜드의 피츠제럴드(George Francis Fitzgerald, 1851~1901)는 에테르 속에서 운동하는 물체는 속도에 반응하여 운동 방

로렌츠 Hendrik Antoon Lorentz 1853~1928

네덜란드의 이론물리학자. 여러 물질상수에 의해서 표시되는 물질의 전자기적 성질, 빛(전자기파)과의 상호작용을 연구했으며, 1878년 빛의 굴절률(매질 속에서의 광속)과 물질의 밀도와의 관계를 논하여 로렌츠-로렌츠의 식(Lorentz-Lorenz's formula)을 도출했다. 또한 1892년에는 아인슈타인의 상대성이론의 선구가 되는 '로렌츠 수축(로렌츠-피츠제럴드 수축)'을 제창했고, 국소시(局所時)를 도입해 '로렌츠 변환'을 유도했다. 1902년 제만과 함께 노벨물리학상을 수상했다.

● 멈추어 있는 기차

빛 (초속 30만km)

● 달리고 있는 기차

빛 (초속 30만km)

멈추어 있는 기차에서 나온 빛의 속도와
움직이고 있는 기차에서 나온 빛의 속도는 차이가 없다

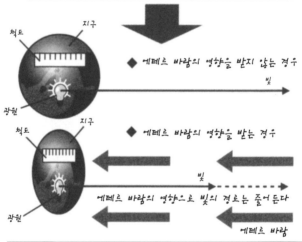

척도
지구

◆ 에테르 바람의 영향을 받지 않는 경우

빛

광원

척도
지구

◆ 에테르 바람의 영향을 받는 경우

빛

에테르 바람의 영향으로 빛의 경로는 줄어든다

광원

에테르 바람

빛의 경로는 짧아지지만, 지구와 척도도 같은 비율로
줄어들기 때문에 빛의 속도는 변함없는 것처럼 보인다

로렌츠 변환식 $\sqrt{1-\left(\dfrac{V}{C}\right)^2}$

C = 광속
V = 물체의 속도

향으로 길이가 줄어든다고 생각했다. 그리고 그 수축률을 나타내는 '로렌츠 변환식'을 제시했다.

그들의 생각에 따르면, 실제 빛의 속도가 에테르 바람에 영향을 받아 달라졌다 하더라도, 그것에 반응한 비율만큼 측정하려 하는 빛의 경로와 측정의 기준이 되는 척도도 수축하기 때문에 그 차이를 검출할 수 없다는 것이다.

공간 내의 거리나 물체의 운동 속도는 기준이 되는 척도가 없으면 잴 수 없다. 기준 척도는 어떠한 조건 아래에서도 불변하는 길이를 유지해야 한다. 그런데 그 척도가 주위의 세계와 함께 늘어나거나 줄어든다는 것이다. 에테르설을 입증하려는 노력들이 오히려 뉴턴 역학의 근저를 뒤흔들기 시작했다.

아인슈타인
광속 불변의 법칙 – 빛의 속도가 불변의 척도다

인류는 위기에 몰릴수록 생각지도 못한 힘을 발휘할 때가 있다. 로렌츠 변환을 발판으로 삼아 더욱 더 어처구니없는(?) 이론을 주장하는 사람이 나타났다. 스위스의 특허국에서 일하던 젊은 기술자, 아인슈타인이다.

아인슈타인은 빛과 관련해 문제가 발생하는 이유가 '모든 관측자의 입장에 관계없이 공간과 시간은 절대적으로 불변한다'는 전제 위에 성립하는 뉴턴 역학의 '척도'가 이상하기 때문이라고 생각했다. 그리고 그는 이 우주에서 유일한 기준은 진공 속의 빛의 속도라고 주장했다. 바꾸어 말하면 어떠한 조건 하에서도 항상 일정한 값을 갖는 빛의 속도야말로 최종적으로 신뢰할 수 있는 불변의 척도라는 것이다. 이것이 유명한 '광속 불변의 법칙'이다. 그는 에테르가 없어도 빛이 우주의 진

아인슈타인 Albert Einstein 1879~1955
1879년 3월 14일 독일 울름에서 출생했다. 스위스 국립공과대학 물리학과를 졸업하고, 베른 특허국의 관리 자리를 얻어 5년간 근무했다. 광양자설, 브라운운동의 이론, 특수상대성이론을 연구, 이를 1905년 발표했다. 특수상대성이론은 당시까지 지배적이었던 갈릴레이나 뉴턴의 역학을 송두리째 흔들어놓았고, 종래의 시간·공간 개념을 근본적으로 변혁시켰으며, 철학사상에도 영향을 주었으며, 몇 가지 뜻밖의 이론, 특히 질량과 에너지의 등가성(等價性) 발견은 원자폭탄의 가능성을 예언한 것이었다. 광전효과 연구와 이론물리학에 기여한 업적으로 1921년 노벨물리학상을 받았으며, 그 후 중력장이론으로서의 일반상대성이론을 중력장과 전자장 이론으로서의 통일장이론으로 확대할 것을 시도했다.

공 공간을 이동할 수 있는 이유는 빛이 파동의 성질과 함께 양자(일반
적으로 소립자라고 부르는, 불연속적인 운동 양태를 갖는 에너지 덩어리)의
성질을 갖고 있기 때문이라고 생각했다.

아인슈타인은 왜 광속도가 불변인지는 알 수 없지만, 그 원리를 받아
들이면 우주에서 발생하는 사건을 보다 근본적으로 해명할 수 있을 것
이라 믿었다. 그리고 지동설 이후 또 한번의 '코페르니쿠스적 전환'이
라고 할 만한 일대 비전을 정리해 1905년 '특수상대성이론(special theory
of relativity)'을 발표했다.

아인슈타인은 '빛의 속도가 불변인 것은 계측을 잘못해서가 아니라,
운동체의 길이와 그 주변에서 흐르는 시간이 늘었다 줄었다 하기 때
문'이라는 이 기묘한 학설을 통해, 절대시간과 절대공간 위에 성립한
뉴턴 역학의 상식으로는 설명할 수 없는 불가사의한 현상의 존재를 제
시했다.

아인슈타인
상대적 시간 – 관측자의 입장에 따라 달라지는 시간

　광속 불변의 법칙을 근거로 하는 특수상대성이론의 세계에서는 실로 기묘한 일이 일어난다. 흔히 알려져 있는 사고실험의 예를 가능한한 알기 쉽게(나름대로 여전히 어렵겠지만) 소개해보자.

　광속에 가까운 속도로 비행하는 우주선이 있다고 가정해보자. 이 우주선의 한가운데에 있는 레이저 발광기에서 레이저 광선을 쏘아내고 있다고 가정한다. 우주선 안에서 볼 경우, 발광기에서 나온 레이저광은 앞뒤로 같은 거리를 같은 속도로 진행해, 동시에 우주선 앞뒤 벽에 도달한다.

　한편 우주선 바깥(예를 들어 지구 위나 달의 표면)에서 이것을 관찰할 수 있다고 하면(현실적으로는 불가능한 일이지만), 예상치 못한 일이 일어난다. 발광기에서 나온 빛이 우주선 속을 나아가고 있는 매우 짧은 시간 사이에도 우주선은 앞으로 계속 나아가고 있다. 광속 불변의 법칙에 따르면 빛의 속도는 광원의 운동에 관계없이 공간에 대해서 일정하기 때문에, 우주선 뒤쪽의 벽은 진행해 오는 레이저 광선 쪽을 향해 이동하고, 우주선의 앞쪽 벽은 진행해오는 광선과 같은 방향으로 이동한다. 그러면 우주선 뒤쪽 벽에 레이저 광선이 도달할 시각에, 앞쪽 벽에는 아직 광선이 도달하지 않게 된다.

　우주선 안에서는 동시에 일어난 현상이 기묘하게도 우주선 바깥에

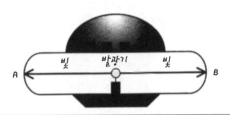

비행중인 우주선 안에서 보면, 중심에 위치한 발광기에서
나온 레이저광선은 앞뒤의 벽 A, B에 동시에 도달한다

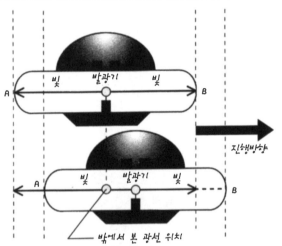

밖에서 본 광선 위치

빛은 A지점을 통과하여 도달하지만, 아직 B에는 도달하지 않았다

빛의 속도는 관측자의 위치에 관계없이 불변이지만
비행중인 우주선을 밖에서 보면, 발사된 광선이 앞뒤의
벽에 도달한 시각은 다르다

서 보면 다른 시각에 일어난 것처럼 보인다. 이 사실은 우주에 절대적으로 공통 불변하는 시간의 흐름 따위는 존재하지 않고, 관측자의 입장에 따라 각각 다른 시간의 흐름, 즉 '상대적 시간'만 존재한다는 것을 말해준다.

아인슈타인
공간 수축 – 초고속 운동체는 수축한다

앞에서 든 예에서, 만일 우주선이 거의 광속에 맞먹는 속도로 움직이고 있다면 더욱 기묘한 일이 발생한다. 우주선의 바깥에서 보면, 발광기에서 나와 전방을 향하는 광선은 우주선과 같은 속도로 진행하기 때문에 발광기가 있는 지점에서 조금도 전진하지 않는 것처럼 보인다. 우주선이 진행하는 방향 쪽의 벽에는 레이저 광선이 도달하지 못한다. 물론 우주선 안에 있는 사람에게는 빛은 아무 이상 없이 초속 30만km로 양방향으로 진행되는 것처럼 보일 것이다.

광속이 불변이라 가정했을 때 그러한 기이한 현상이 일어난다면, 이를 설명할 방법은 하나밖에 없다. 비행하는 우주선과 그 안의 공간 전체가 바깥쪽 관측지점의 공간에 비해서 수축되어 있다고 생각할 수밖에 없는 것이다. 우주선 전체가 수축되었기 때문에, 우주선 내의 빛의 경로나 그것을 계측하는 척도 자체도 줄어든다.

여기서 확인해둘 것은 우주선 안에서든 밖에서든 초속 30만km라는 빛의 속도(측정치)는 변하지 않지만, 광속을 재는 척도와 빛의 경로는 우주선의 안과 밖에서 같지 않다는 점이다. 우주선 안에서의 척도로 잰 광속 30만km/초와 우주선 바깥의 세계에서 잰 광속 30만km/초는 숫자는 같지만, 즉 광속은 불변이지만, 실질적인 경로의 길이나 척도의 길이는 다르다. 다만 현실적으로 그것을 비교해 확인할 방법은 없다.

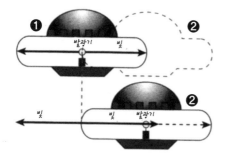

우주선이 ❶에서 ❷위치까지 광속으로 비행하고 있는 모습을 바깥에서 볼 경우, 빛은 우주선 안에서 전방으로 진행하고 있는 것처럼 보이지는 않는다

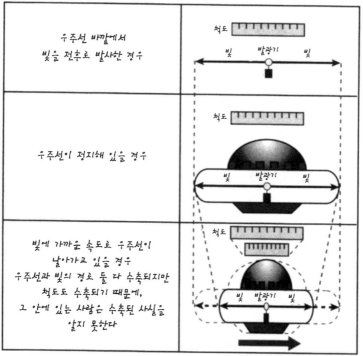

우주선 바깥에서 빛을 전후로 발사한 경우	척도 빛 발광기 빛
우주선이 정지해 있을 경우	척도 빛 발광기 빛
빛에 가까운 속도로 우주선이 날아가고 있을 경우 우주선과 빛의 경로 둘 다 수축되지만 척도도 수축되기 때문에, 그 안에 있는 사람은 수축된 사실을 알지 못한다	척도 빛 발광기 빛

어떠한 조건 하에서도 빛의 속도의 '측정값'은 일정하다는 광속 불변의 법칙이 빛의 경로나 척도의 일정불변함까지를 보증하는 것은 아니다. 우주선 안에서는 모든 것이 같은 비율로 수축되기 때문에, 아무도 줄어들었다는 사실을 느끼지 못할 뿐이다.

아인슈타인
시간 수축 – 시간의 흐름이 느려지는 초고속 세계

발상을 조금 바꾸어서, 광속 불변의 법칙에 따라 '빛이 30만km로 진행하는 시간을 1초라고 한다' 고 약속해보자. 광속에 가까운 속도로 비행하는 우주선(가령 전체의 길이가 30만km 이상이라고 하자)의 세계에 존재하는 빛의 경로는 같은 30만km라도 우주선 바깥의 세계에 존재하는 빛의 경로보다 수축되어 있기 때문에, 같은 1초라도 우주선 안팎에서는 1초의 길이가 달라진다. 우주선 안의 세계에서 30만km로 진행하는 빛이 바깥 세계에서 30만km를 나아가기 위해서는 우주선 안일 경우 필요한 시간보다 긴 시간이 필요할 것이다.

달리 말하자면, 우주선 바깥의 시간의 흐름을 기준으로 삼을 경우, 우주선 안의 시간의 흐름은 보다 천천히 흐른다. 물론 관측자가 신이 아닌 이상 우주선 안팎에 동시에 존재할 수 없기 때문에, 그것을 체감적으로 확인할 수는 없다.

어쨌든 광속 불변의 법칙에 따르면, 시간이든 공간이든 일정불변하는 것이 아니고, 우주의 서로 다른 장소에는 각각의 시간과 공간이 존재한다는 사실을 인정하게 된다. 우주공간에 존재하는 시간과 공간의 공유성을 부정하는 이 원리는 뉴턴 역학의 입장에서 보자면 문자 그대로 악몽 같은 일이었다.

아인슈타인은 상대적으로 속도 차이가 큰 세계에서 발생하는 시간

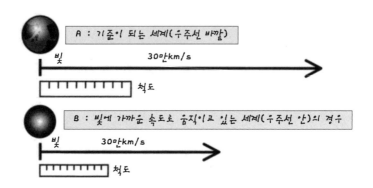

A : 기준이 되는 세계(우주선 바깥)

빛 　　　　30만km/s

척도

B : 빛에 가까운 속도로 움직이고 있는 세계(우주선 안)의 경우

빛 　　30만km/s

척도

(빛의 경로는 수축되지만, 척도도 수축되기 때문에 광속은 불변)
A, B의 세계 둘 다 빛의 속도는 같다
발상을 바꾸어서… 빛이 30만km로 진행하는 시간을 1초라 약속할 경우
만일 양쪽 세계를 동시에 비교할 방법이 있다고 하면
같은 1초의 흐름이라도 그 흐름의 빠르기는 달라진다

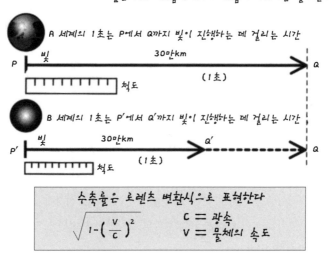

A 세계의 1초는 P에서 Q까지 빛이 진행하는 데 걸리는 시간

P　　빛　　　　30만km　　　　　　　　　Q
　　　　　　　　　(1초)
척도

B 세계의 1초는 P'에서 Q'까지 빛이 진행하는 데 걸리는 시간

P'　빛　　30만km　　　Q'　　　　　　Q
　　　　　(1초)
척도

수축율은 로렌츠 변환식으로 표현한다

$$\sqrt{1-\left(\frac{V}{C}\right)^2}$$

C ＝ 광속
V ＝ 물체의 속도

과 공간의 수축을 기술하는 식은 로렌츠 변환식과 일치함을 밝혀냈다. 로렌츠와 피츠제럴드의 결론은 에테르의 존재를 전제로 하고 에테르 바람의 영향에 의해 운동체가 수축한다고 생각한 점에서는 오류를 범하고 있지만, 결과적으로는 옳았던 것이다. 초고속 운동체는 수축되어 보이는 것이 아니라, 믿기 어렵겠지만 실제로 수축된다.

아인슈타인

$E = mc^2$ – 질량과 에너지는 같다

뉴턴 역학에 따르면, 정지해 있거나 등속운동하고 있는 질량이 일정한 물체에 힘을 가하면, 힘이 작용하고 있는 동안 물체에 가속도가 생기고, 가속이 끝나면 운동속도, 즉 관성속도는 증가한다. 관성에너지는 물체의 질량과 운동속도의 곱으로 표현할 수 있으므로, 물체의 운동속도가 무한히 커지면, 그 에너지양도 무한히 커진다고 생각할 수 있다.

그런데 운동속도에 응한 물체의 수축률을 나타내는 로렌츠 변환식에 따르면, 운동체의 속도가 빛의 속도에 가까워짐에 따라 물체는 수축되고, 운동속도가 광속과 같아진 순간에 물체의 길이는 0, 즉 실체가 없어져버린다. 물체가 소멸되면 물체의 질량은 0이 되고, 그 물체에 운동속도가 있다는 사실 자체가 의미 없어진다. 더구나 운동속도가 광속이 되는 순간에 운동체의 질량은 0이 되어버리기 때문에, 그때까지 계속 증대하고 있던 운동체의 관성력(운동에너지양)마저 갑자기 0이 되어버린다.

그것이 비현실적이라고 생각한(상대성이론도 비현실적으로 보이기는 마찬가지이지만) 아인슈타인은 운동체의 속도가 광속에 가까워짐에 따라 운동에너지가 질량으로 전환된다는 가설을 세웠다. 즉 운동속도가 증가함에 따라 운동체의 질량이 커진다는 것이다. 운동체에 무한히 큰 힘(에너지)을 계속 가하면, 운동속도가 광속에 가까워짐에 따라 그 에너지는 점점 질량으로 변환되어 운동체의 질량이 무한히 커진다. 무한히 질량이 커진 운동체의 가속도는 아무리 힘(에너지)을 가해도 쉽게 증가하지 않기 때문에, 운동체의 속도는 결코 광속을 넘을 수 없게 된다.

아인슈타인은 '질량과 에너지'에 대해 질량은 에너지로 전환되고, 거꾸로 에너지는 질량으로 전환된다고 생각했다. 이 생각을 광양자 연구와 묶어서 발전시킨 그는 질량 m인 물체가 지닌 에너지양 E를 다음과 같은 수식으로 표현했다.

$$E(\text{에너지양}) = m(\text{질량}) \times C^2(\text{광속의 제곱})$$

이것은 질량과 에너지에 대한 완전히 새로운 사고방식이었고, 이후의 우주 연구(양자역학이나 소립자론 같은 마이크로 세계에서 천문학이나 우주론 같은 매크로 세계에 이르기까지)에 없어서는 안 될 강력한 이론이 되었다. 우리 인류는 특수상대성이론이 나오고 나서야 서로 영향을 주고받는 시간과 공간의 본질을, 즉 서로 전환이 가능한 질량과 에너지로 이루어진 우주의 모습을 제대로 이해하고 그것을 기술할 방법을 비로소 손에 넣었던 것이다.

특수상대성이론은 혁명적이었지만, 순수한 관성계의 존재, 즉 수학적으로 보아 엄밀한 등속직선운동이 실재하는 세계를 전제로 삼고 있다. 하지만 이 우주에는 중력의 영향이 전혀 없는 세계 따위는 존재하지 않는다. 개개의 천체나 은하의 중력이 조금이라도 작용하면 물체에 가속도가 발생하기 때문에, 순수한 관성운동은 불가능해진다. 즉 이

무한히 큰 힘을 가하면 관성속도와 관성력이 무한히 늘어난다

에너지(E) = 질량(m) × 운동속도(v) ─①

그런데 특수상대성이론에 따르면, 운동체의 수축률을 나타내는
로렌츠 변환식에서 속도(V) = 광속(C)이라 할 경우

$$\sqrt{1-\left(\frac{v}{c}\right)^2} = 0$$

이 되어, 물체에 길이가 없어지고 물체는 소멸된다

따라서 m = 0이 될 터인데,

이 때 ①식에서, E = 0이 되어버린다 ➡ 논리가 맞지 않는다!

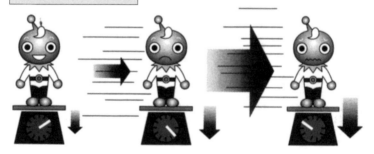

'운동체의 속도가 한없이 광속에 가까워짐에 따라, 운동에너지가
질량으로 변환되어 질량이 무한히 커진다. 때문에 운동속도는
광속을 넘을 수 없다'고 생각하면, 앞뒤가 맞는다

$$E = mc^2$$
$$E + m = 일정$$

$E =$ 에너지양
$m =$ 질량
$c =$ 광속

질량이 전부 에너지로
바뀌면 물체는 소멸된다

여러 가지 중력이 작용하기 때문에
완전한 등속운동은 존재할 수 없다

중력 중력 중력 중력

에너지를 내뿜으면
질량은 감소된다

물체

"등속직선운동이 존재하지 않는다면
특수상대성이론에는 한계가 있다"

우주에 완전한 관성계는 존재하지 않는다. 특수상대성이론에 '특수'라는 수식어가 붙어 있는 이유는 현실적으로 존재할 수 없는 '관성계'라는 특수한 조건이 있어야 비로소 성립하는 이론이었기 때문이다. 아인슈타인은 당연히 상대성이론의 일반화를 생각하기 시작했다.

아인슈타인
등가원리 – 중력과 관성력은 동등하다

상대성이론을 일반화하는(어떠한 상황 아래에서도 성립하게 하는) 데 있어서, 아인슈타인은 '모든 관측자의 입장은 상대적이며, 절대적인 관측자는 존재하지 않는다'는 '상대성원리'와 '물체의 관성력을 증가시키는 가속도와 물체에 작용하는 중력은 원래 같은 것'이라는 '등가원리'를 기본에 두었다. 등가원리를 거칠게 요약하자면 '어떤 질량의 물체가 우주공간에서 어디를 향해 운동하고 있든, 그것이 가속운동을 하고 있다면 그 물체에는 운동방향과 역방향으로 중력(과 같은 힘)이 작용하고 있다고 보아도 좋다. 그렇다면 우주의 모든 운동은 중력만으로 기술할 수 있다'는 것이다.

등가원리에 따르면, 우주선이 로켓을 분사하여 가속하고 있을 때 우주선 안에서는 가속방향과 역방향으로 일종의 중력이 작용하고 있다고 생각할 수 있다. 좀더 쉽게 이해하기 위해 엘리베이터의 예를 들 수 있다. 우리가 지구상에서 엘리베이터를 탔을 경우 느끼는 힘은 중력의 작용 때문이다. 만약 이 엘리베이터가 고속으로 우주를 날아올라가는 로켓 안에 있을 경우에도 우리는 지구상에서 중력으로 인해 느꼈던 동일한 힘을 느낄 수 있다. 바로 가속 방향과 역방향으로 발생하는 힘 때문이다. 만약 외부 상황을 전혀 모른다고 가정한다면 우리는 자신이 지구상의 엘리베이터 안에서 중력을 느끼고 있는 것인지 우주공간에

중력과 가속도는 성질이 완전히 같고
같은 작용을 한다고 생각해도 좋다

가속도로 인해 낙하하는
것처럼 보이는 물체

9.8m/s² 인 경우

양쪽 모두 사과가 떨어지는 모양은 같다

"공간을 휘게 하는
힘이라는 게 도대체 뭐지?"

서 가속도의 힘을 느끼고 있는 것인지 구별할 수 없다.

일반상대성이론(general theory of relativity)의 특징은 중력의 일반화(우주의 모든 운동에 중력이론을 적용)라 해도 좋다. 중력공간에서는 등속운동(관성)이 존재하지 않지만, 가속운동도 순간적으로는 등속운동에 가깝기 때문에, 중력장에서도 특수상대성이론의 세계에서 일어났던 것과 같은 공간과 시간에 대한 기묘한 현상이 발생한다고 볼 수 있다.

결국 아인슈타인은 중력이라는 것을 '공간을 휘게 하는 힘' 자체라고 생각했다. 한걸음 더 나아가서 말하자면, 공간이 휘어 있다면 그것을 통과하는 빛도 휘어지고, 빛이 휘어지면 광속을 기준으로 하고 있는 시간도 바뀌어버리기 때문에, 중력장(중력이 작용하는 장)을 '시간과 공간이 휘어진 장소'라고 생각하고 그 개념을 수학적으로 기술·정의했다.

아인슈타인

휜 공간 – 빛으로 휜 공간을 검증한다

공간이 휘었다고 생각하는 것은 좋지만, 공간의 휨 자체가 인간의 눈에 직접 보일 리가 없다. 그렇기 때문에 실제로 휘어 있는지 아닌지를 확인하기 위해서는 무언가 기준이 될 것이 있어야 한다. 여기에서 다시 빛이 등장한다. 우주에서 공간 안을 똑바로 진행하는(최단 거리를 골라 진행한다) 것이라면 빛밖에 없다. 만약 빛이 중력 또는 가속도의 영향을 받아 휜다면, 그 주변 공간은 휘어져 있다고 생각해도 좋을 것이다.

여기에서 또 한 가지 사고 실험을 해보자. 지금 우주선이 거대 혹성의 엄청난 중력에 끌려 자유낙하하고 있다고 하자. 우주선 안의 사각형 실내 벽면 한 쪽에 있는 레이저 광선 발광기에서 발사된 광선은 발광기와 정확히 같은 높이에 있는 반대편 벽면의 레이저 광선 감지기를 향하게 되어 있다. 우주선 안에 있는 비행사의 눈에는 레이저 광선이 직진하고 있는 것처럼 보이고, 레이저 감지기도 광선을 제대로 포착해 반응한다.

하지만 그 광경을 바깥에서 관찰할 수 있다면, 광선이 감지기에 도달하기 전의 짧은 시간 동안 중력에 끌려가는 우주선은 아주 조금이라도 낙하한다. 그렇다면 레이저 광선의 궤적은 아래쪽으로 조금 휘어져 보일 것이다. 확실히 빛은 중력의 영향을 받아 휘는 것이다. 역으로 우주

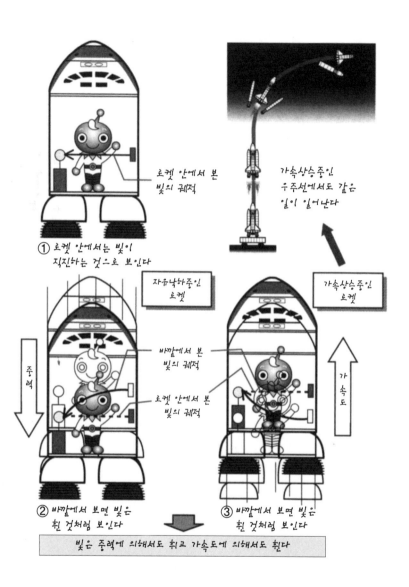

로켓 안에서 본
빛의 궤적

가속상승중인
우주선에서도 같은
일이 일어난다

① 로켓 안에서는 빛이
직진하는 것으로 보인다

자유낙하중인
로켓

가속상승중인
로켓

바깥에서 본
빛의 궤적

로켓 안에서 본
빛의 궤적

중력

가속도

② 바깥에서 보면 빛은
휜 것처럼 보인다

③ 바깥에서 보면 빛은
휜 것처럼 보인다

빛은 중력에 의해서도 휘고 가속도에 의해서도 휜다

선이 엔진을 분사해 혹성에서 탈출하려 할 때는 우주선 안에 가속도가 발생한다. 가속도는 중력과 같은 작용을 하기 때문에(등가원리), 우주선이 자유낙하하고 있는 경우와 마찬가지로 빛의 진로는 휘어진다. 실제로 중력에 의해 빛이 휘는 것을 검증할 수 있다면, 공간이 휘어져 있다고 결론을 내려도 좋다.

아인슈타인
4차원 시공 1 – 끊임없이 왜곡되고 변형되는 세계

　일반상대성이론은 4차원 시공이라 부르는 공간이 중력에 의해 휜 정도를 곡률을 이용해 표현한 '중력장 방정식' 과 그 휘어진 시공 속에서 물체가 운동하는 양태를 기술한 '아인슈타인의 운동방정식' 으로 이루어져 있다.

　4차원 시공이란 3차원 공간을 구성하는 X·Y·Z축에 시간축 T를 더한 4차원 공간을 가리킨다. 그것은 고등수학의 특별한 기술방법을 써야 비로소 그 양태를 논의하고 이해할 수 있는 공간으로, 안타깝게도 어떠한 방법을 쓴다 해도 그 세계를 알기 쉽게 직접 예시할 수가 없다. X, Y, Z의 세 축으로 이루어진 3차원 공간에서, 원점에서 같은 거리에 있는 점이 무수하게 모이면 구(구면)가 생긴다. 마찬가지로 X, Y, Z, T의 네 축으로 이루어진 4차원 시공에서, 원점에서 같은 거리에 있는 점이 모이면 시공 4차원구가 생기지만, 수학이나 물리의 전문가가 아닌 한 시공 4차원구의 이미지를 떠올리고 그 대강의 양태를 이해하는 일은 매우 어렵다.

　더구나 아인슈타인이 도입한 4차원 시공은 4개 좌표축의 좌표값 간격이 등간격이 아닌 이상, 시간축 T와 다른 3개의 공간축은 눈금이 그어진 고무줄로 만들어진 4개의 축처럼 서로 영향을 주면서 끊임없이 늘었다 줄었다 하는 세계이다. 적절한 비유인지 모르겠지만, 사방팔방

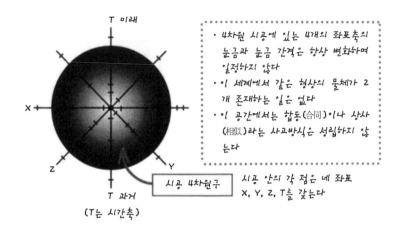

T 미래

X

Z

Y

T 과거

(T는 시간축)

시공 4차원구

* 4차원 시공에 있는 4개의 좌표축의 눈금과 눈금 간격은 항상 변화하며 일정하지 않다
* 이 세계에서 같은 형상의 물체가 2개 존재하는 일은 없다
* 이 공간에서는 합동(合同)이나 상사(相似)라는 사고방식은 성립하지 않는다

시공 안의 각 점은 네 좌표 X, Y, Z, T를 갖는다

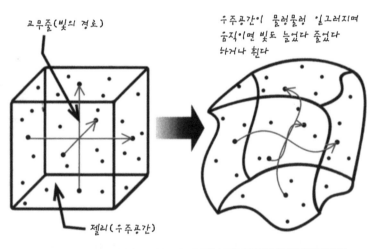

고무줄(빛의 경로)

젤리(우주공간)

우주공간이 물렁물렁 일그러지며 움직이면 빛도 늘었다 줄었다 하거나 휜다

공간이 휘면 빛의 경로도 그에 따라 변화한다

으로 늘었다 줄었다 하면서 끊임없이 왜곡되고 변형되는 젤리로 만들어진 거대한 공간 같은 것이다. 그 젤리 공간 안에 황금빛의 가느다란 고무줄(빛)이 몇 가닥 지나고 있어, 휘어진 공간에 응해 늘어났다 줄어들었다 하고 휘기도 하는 정경을 상상해보라.

아인슈타인
4차원 시공 2 – 리만기하학으로 구현된 시공 4차원

아인슈타인은 중력이란 큰 질량 때문에 발생하는 4차원 시공의 일그러짐 자체이며, 그 다양한 일그러짐이야말로 공간 안의 물체가 운동하는 양태를 결정한다고 생각했다. 일반상대성이론이란 시공 4차원 세계의 곡률(曲律)을 기술하는 것에서 시작해, 곡률의 기술에서 끝나는 이론인 것이다. 다만 그가 머릿속에서 그린 4차원 시공은 합동도 상사도 등방성(等方性)도 성립하지 않는 세계이기 때문에, 이전의 유클리드 평면기하학을 기초로 하는 수학으로 그 세계에서 일어나는 일을 기술하는 것은 불가능했다.

머릿속에 그린 세계를 기술하는 방법을 찾던 그가 만난 것이 리만기하학이었다. 리만기하학은 그 당시 새롭게 출현한 수학으로, 임의의 곡면이나 휘어진 공간을 자유자재로 다룰 수 있었다. 일반상대성이론은 리만기하학이라는 안성맞춤의 표현 도구를 얻어 완성되었다.

3차원 공간에서 4차원 시공의 일그러짐을 드러내 보여주는 것은 불가능하다. 그래서 일반인에게 그 이미지를 비유적으로 전달하기 위해, 우묵하게 들어가거나 깔때기 모양으로 패인 곡면 모델을 사용한다. 그림에서 우묵하게 들어간 곡면이나 심하게 패인 깔때기 모양 곡면의 표면이 우리들이 사는 3차원 공간에 해당하고, 그림 전체가 시공 4차원계에 해당한다. 우리와 빛은 모두 그물눈 모양으로 표현된 곡면 위(휘어진

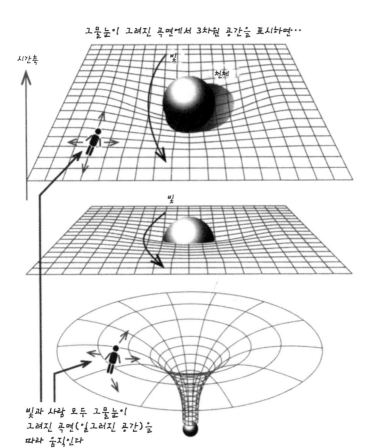

그물눈이 그려진 곡면에서 3차원 공간을 표시하면‥

시간축

빛

천체

빛

빛과 사람 모두 그물눈이
그려진 곡면(일그러진 공간)을
따라 움직인다

곡면의 경사가 클수록 그 지점의 중력은 크다
또한 패인 정도가 심할수록 그 중력장의 중앙에 있는
물체의 질량이 크고, 중력장 전체의 중력의 강도도 크다

3차원 공간 안)를 따라 곡면(휘어진 3차원 공간의 범위)을 움직이게 된다.

모델 그림의 곡면 경사가 클수록 그 지점에서 작용하는 중력이 크고, 또 패인 정도가 심할수록 그 중력장의 중심부에 있는 물체의 질량이 크며, 중력장 전체의 중력 강도도 크다고 생각하면 된다.

리만기하학

타원기하학이라고도 하며, 유클리드의 5번째 공준을 완전히 부정하고 2번째 공준마저 수정한 비(非)유클리드 기하학 가운데 하나.

유클리드의 5번째 공준에서는 주어진 직선 밖의 한 점을 지나고 이 직선과 평행한 직선은 오직 하나지만, 리만기하학에서는 주어진 직선과 평행한 직선은 존재하지 않는다. 유클리드의 5번째 공준에서는 유한한 길이를 갖는 직선을 한없이 계속 확장할 수 있는데 이는 리만 기하학에서도 마찬가지이며 특히 이때 모든 직선의 길이가 같다. 그러나 리만 기하학은 다른 3가지 유클리드의 공준을 인정한다.

리만 기하학의 몇몇 정리만이 유클리드 기하학의 정리와 같을 뿐 대부분은 다르다. 예를 들어 유클리드기하학에서 두 평행선은 모든 점에서 거리가 서로 같으나, 리만 기하학에서는 평행선이 존재하지 않는다. 유클리드 기하학에서 3각형 내각의 합은 180°이나 리만 기하학에서는 180°보다 크다. 유클리드 기하학에서는 면적이 다른 다각형들끼리 서로 닮은꼴일 수 있으나, 리만 기하학에서는 면적이 다르고 서로 닮은 다각형이 존재하지 않는다.

아인슈타인
휘어진 중력장 1 – 휘어진 중력장이 천체의 운동을 초래한다

일반상대성이론에 따르면, 공간을 일그러뜨리는 것은 질량을 갖고 있는 크고 작은 물체나 물질에서 나오는 중력파다. 태양을 필두로 하는, 항성 같은 질량이 큰 천체는 강력한 중력파를 발산해, 모델 그림에서처럼 주변의 공간을 휘게 한다. 은하나 은하단은 항성으로 이루어진 큰 질량의 집합체이기 때문에, 그 근처 공간은 더욱 크게 일그러진다. 전 우주에 걸쳐 이렇게 불규칙하게 휘어진 공간이 끝없이 펼쳐져 있는 것이다. 논리적으로는 무시할 수 있을 만큼 조금이긴 하지만, 질량이 극히 미소한 물체라 하더라도 그 주변 공간을 일그러뜨리게 된다.

질량이 큰 천체 주변에 질량이 작은 천체가 굴러서 접근할 경우, 작은 천체는 큰 천체가 만들어낸 중력 공간의 패인 곳 주변의 경사면(실제로는 3차원 경사 공간)을 따라 패인 곳 중앙에 있는 커다란 천체를 향해 구르기 시작한다. 구르는 방법은 가지가지이고, 중력장 경사면의 기울기 크기, 작은 천체가 원래 운동하던 속도나 운동 방향(구르는 방향이나 구르는 속도)에 크게 영향을 받는다.

작은 천체의 초기 운동 속도가 작고 중력장 곡면의 경사가 크면, 작은 천체는 큰 천체를 향하여 단숨에 경사면을 굴러 내려간다. 작은 천체의 초기 운동 속도가 빠르거나, 운동 방향이 중력장 중심 방향과 상당히 어긋나 있거나, 중력장 경사가 비교적 완만하면, 작은 천체는 중

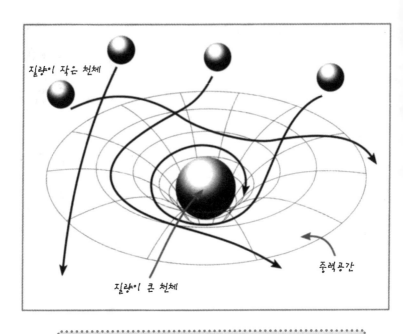

질량이 작은 천체

질량이 큰 천체

중력공간

구르는 방법은 가지가지이고,
중력장의 경사 크기나 작은 천체가 원래 운동하던
속도나 운동 방향 따위에 따라 다르다

아인슈타인의 운동방정식은 중력장에서
물체의 운동 양태를 기술하기 위한 방정식이다

력장 경사면의 영향으로 진로가 구부러지기는 하지만, 그 중력장의 한 쪽 끝을 횡단하듯이 통과한다.

아인슈타인의 운동방정식은 바로 중력장에서 천체나 물체가 그렇게 운동하는 양태를 결정하기 위한 수식이다.

휘어진 중력장 2 – 빛도 휘게 하는 중력장의 힘

큰 천체가 만들어내는 중력장 안에 본래 존재하고 있거나, 우연히 접근해온 작은 천체가 알맞은 운동 방향과 운동 속도를 갖고 있을 경우, 작은 천체는 마치 룰렛 판을 도는 작은 구슬처럼 큰 천체 주위를 중력장을 따라 돌기 시작한다. 엄밀히 말하자면 원이나 타원에 가까운 나선을 그리면서 중력장 중심 방향으로 조금씩 떨어지고 있는 것이지만, 얼핏 보기에는 영원히 회전을 계속할 것처럼 보인다. 혹성이 태양을 도는 원리, 달이 지구를 도는 원리도 이러한 방식으로 설명할 수 있다.

결국 아인슈타인은 뉴턴 역학에서 말하는 물체가 서로 끌어당기는 힘, 즉 '인력'이 중력의 원인이라는 생각을 부정하고, 4차원 공간의 리만기하학적 일그러짐 자체가 중력이나 중력파를 낳는다고 주장했던 것이다.

일반상대성이론에서는 양자(에너지 덩어리이며 질량을 갖는 불연속 운동체)인 빛도 질량이 큰 천체가 만들어내는 중력 공간에서는 크게 휘어질 것이라 본다. 빛은 중력에 의해 휘어진 공간 안의 최단거리를 진행하기 때문에, 강력한 중력장을 통과할 때에는 중력장 중심에 끌려들어가듯 진로가 휜다고 아인슈타인은 예상했다.

1919년 아프리카의 프린시페 섬에서 개기일식을 관측한 영국의 천문학자 아서 에딩턴(Arthur Stanley Eddington, 1882~1944)은 태양 주변을

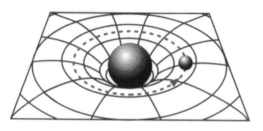

조건에 따라 작은 천체는 큰 천체의 주변을
중력장을 따라 돌기 시작한다
(혹성이 태양의 주위를 도는 현상에 대한 상대성이론의 설명)

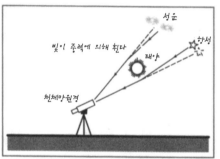

별똥
빛이 중력에 의해 휜다
항성
태양
천체망원경

빛은 중력장 때문에 휘므로 항성
에서 오는 항성 빛은 태양 옆을
통과할 때 태양의 중력에 끌려
그 진행 방향을 바꾼다

따라서 빛이 곧장 전파되어 오는
것처럼 느끼게 되고, 항성이 실
제와 다른 위치에 있는 것처럼
생각한다

그래서 항성이 보이는 위치는 실
제 위치에서 얼마간 바깥쪽으로
벗어나 있다

보이는 위치   별(실제 위치)

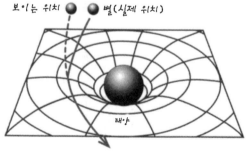

태양

통과하는 별빛의 방향이 그 별의 본래 위치에서 어긋나 있는 사실을 확인했다. 그 별빛의 방향각 차이는 아인슈타인이 예측한 1.74초에 가까운 1.80초(대략 1도의 1만분의 5)였고, 그것은 상대성이론의 정당성을 입증한 최초의 증거였다.

아인슈타인
휘어진 중력장 3 – 수성의 근일점 오차 증명

일반상대성이론에 따르면, 질량을 가진 모든 물체는 그 대소에 상관없이 중력파를 낸다. 질량이 큰 천체는 강한 중력파를 내기 때문에 주변 공간에 미치는 영향도 크다. 만일 중력파가 검출되면 일반상대성이론에 근거한 아인슈타인의 예언이 모두 옳았다는 사실이 입증되겠지만, 현재 중력파의 존재는 확인되지 않았다. 그렇긴 해도 개기일식에서 별의 실제 위치와 별이 보이는 위치가 어긋나 있다는 사실 외에도, 일반상대성이론의 정당성을 뒷받침하는 몇 가지 현상이 존재하다는 사실이 알려졌다.

수성의 근일점이 조금씩 어긋나고 있다는 사실은 이전부터 알려져 있었는데, 그 오차 크기를 지구와 기타 혹성의 인력에서 받는 영향만으로 설명하려고 하면, 어떤 방법을 동원해도 계산이 맞지 않아 연구자들을 고민에 빠뜨렸다. 그런데 상대성이론에 따르면, 태양에 매우 가까운 수성은 지구나 기타 혹성보다 태양 중력장의 영향을 더 강하게 받는다.

또한 공전 속도가 상당히 빠르기 때문에, 뉴턴 역학에 기초한 계산치보다 조금이긴 하지만 질량이 증가한다. 그래서 이 중력장의 영향과 미묘한 질량의 변화를 계산에 넣어 아인슈타인의 운동방정식을 풀면, 근일점 오차의 관측치와 이론값이 정확하게 일치한다.

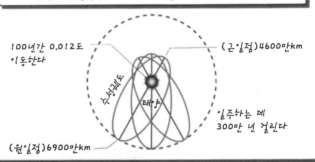

수성의 근일점 오차가 상대성이론에 의한 계산값과 일치

100년간 0.012도 이동한다

(근일점)4600만km

수성궤도

태양

일주하는 데 300만 년 걸린다

(원일점)6900만km

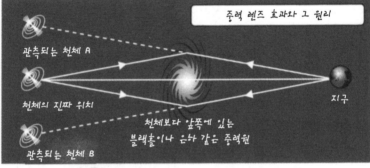

종력 렌즈 효과와 그 원리

관측되는 천체 A

천체의 진짜 위치

지구

천체보다 앞쪽에 있는 블랙홀이나 은하 같은 종력원

관측되는 천체 B

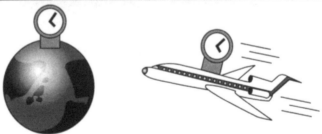

지상에 고정된 원자시계와 제트기로 지구를 한 바퀴 돈 원자시계 사이에서 상대성이론이 예상한 대로 시간차가 확인되었다

그 외에 1개의 은하가 이중 삼중으로 보이는 중력 렌즈를 발견한 것이나 중력장의 차이에 의한 원자시계의 진행 방법의 차이를 검출한 것도 아인슈타인의 이론이 정당함을 뒷받침하는 유력한 증거이다.

이리하여 마침내 일반상대성이론은 연구자들에게 널리 인정받게 되고, 우주 연구가 크게 발전하는 데 기여할 기초이론이 되었다.

근일점(近日點, perihelion)

태양계의 행성·혜성 등 태양의 둘레를 도는 천체가 궤도상에서 태양에 가장 가까워지는 점. 가장 멀어지는 점은 원일점(遠日點)이라 한다. 궤도상의 각 속도와 속도는 근일점에서 최대, 원일점에서 최소가 된다. 일반적으로 행성의 근일점은 그 방향이 다른 행성의 인력에 의해서 변한다. 또한 아인슈타인의 일반상대성이론에 따르면 태양의 존재에 의해서도 행성궤도의 근일점 방향이 이동한다. 상대성이론에 따른 근일점 이동은 수성궤도의 관측으로 확인되었다. 지구의 근일점은 다른 행성의 섭동(攝動)에 의해 공전방향으로 1년에 11.63″씩 이동한다.

아인슈타인
슈바르츠실트의 해 – 중력장 방정식에 숨어 있는 세계

아인슈타인은 일반상대론을 아름다운 수식으로 표현했지만, 이상하게도 그 수식의 해(解)는 구하지 않았다. 그 해를 구한 것은 1916년 독일의 천문학자 슈바르츠실트(Karl schwarzschild, 1873~1916)였다. 일반상대성이론의 중력장 방정식을 풀고 있던 독일의 천문학자 슈바르츠실트는 놀라운 해를 발견하고 아인슈타인에게 보고했다. 그 해를 통해, 우주의 어느 부분에는 이상하게 무거운(밀도가 높은) 물질로 이루어진 특이점(입방체의 원점처럼 다른 부분과 구분되는 특별한 성질을 가진 점)이 존재하고, 그 주변에는 4차원 시공의 곡률이 무한대가 되어 공간이 극도로 수축되고, 매우 강력한 중력장이 형성되어 있다는 사실이 알려졌다. 이 이상한 중력장에서는 매초 30만km의 속도로 공간을 질주하는 빛의 양자조차도 그 중심으로 끌려들어가 버린다. 놀랍게도 슈바르츠실트가 구한 해는 자전하지 않는 블랙홀의 크기, 즉 '사건의 지평선(event horizon)'을 뜻했으며, 우리는 무간지옥을 연상시키는 이 암흑의 특이점을 '블랙홀'이라 부른다.

블랙홀이라고 부르기는 하지만 현실적으로 검은 구멍이 뻥 뚫려 있는 것은 아니다. 정확하게 말하면, 블랙홀이란 4차원 시공의 곡률을 기술한 중력장 방정식에 특수한 조건을 부여했을 때에 나타나는, 수학 이론상 3차원 공간에 존재하는 이상한 수축점을 가리킨다. 그러므로 3차

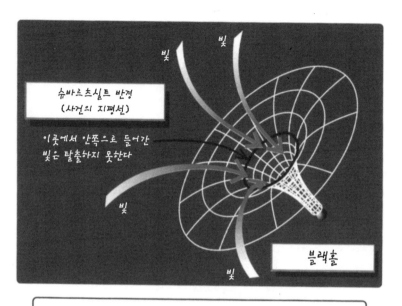

블랙홀은 빛마저 빨아들이는 알 수 없는 암흑세계다
상대성이론에 따르면, 공간은 극단적으로 수축되고
시간의 진행도 이상하게 늦어진다

"내가 생각한 방정식에
이런 세계가 숨어
있었다니!"

아인슈타인

원 공간에 입각한 사고와 인식 능력밖에 없는 우리들이 시각적으로 그 형상을 아는 것은 불가능하며, 가령 블랙홀이 보인다 하더라도 보통 사람들이 떠올리는 구멍과는 다를 것이다. 오히려 어딘지 모르게 불길한 느낌을 주는, 암흑의 회전구체를 상상하는 편이 나을 수도 있다.

일반상대성이론이 장대하고 아름다운 이론이라 칭찬받는 이유는 무엇일까? 그것은 빛이나 전자, 원자의 운동에서 별과 은하, 초은하, 블랙홀의 활동에 이르기까지 '우주 안의 모든 운동과 현상'을 '중력에 의한 시공 4차원 공간의 일그러짐'이라는 단 하나의 개념만으로 선명하게 기술하고 있기 때문이다.

Albert
Einstein

아인슈타인과 노벨상

아인슈타인은 상대성이론의 창시자로 널리 알려져 있지만, 그가 상대성이론의 연구로 노벨상을 받은 것은 아니다. 그는 1921년에 빛에는 입자의 성질이 있음을 보여준 '광양자 연구'로 노벨상을 받았다. 수상 배경에는 아직 상대성이론에 대한 정당한 평가가 이루어지지 않았던 점, 당시 대두하기 시작했던 독일의 유대인 배척 운동에 대한 배려 따위가 작용했을 것이라 보고 있다. '광양자 연구'의 참신한 발상은 나중의 양자론 발전에 크게 기여했다. 그러나 운명의 장난이라고 해야 할지, 아인슈타인은 만년에 양자론자와 대립하게 된다.

제2장

우주는 팽창하고 있는가, 수축하고 있는가

아인슈타인
정상우주 – 우주는 정지해 있다

일반상대성이론의 위대함은 중력에 의해 공간이 휜다는 생각 하나만으로, 미묘한 소립자의 양태부터 갖가지 천체의 운동, 나아가서는 137억 광년 너머에 이르는 장대한 우주의 양상까지를 설명하려 했던 점에 있다. 일반상대성이론을 완성한 아인슈타인은 그 이론을 바탕으로 우주 연구에 달려들었다.

뉴턴은 우주가 무한대의 범위를 갖는다고 생각했다. 하지만 만약 그렇다면, 우주 안에 존재하는 어떤 지점이나 무한히 많은 천체가 주위를 둘러싸고 있다는 말이고, 그곳에 쏟아지는 빛의 에너지는 무한대가 되어버린다. 그것이 사실이 아니라는 점을 보면, 아마도 우주는 유한한 범위밖에 갖고 있지 않을 것이다. 그렇게 생각한 아인슈타인은 상대성이론을 우주 연구에 적용하기에 앞서, '우주원리'라는 2가지 전제를 도입했다.

제1 전제는 우주가 전체적으로 '균질하고 등방적'이라는 것이다. 즉 부분적으로는 중력에 의한 공간의 일그러짐이 존재하지만, 전체적으로 보면 우주는 어느 부분을 취하더라도 다른 부분과 기본적으로 다르지 않다는 말이다. 만일 우주에 밀도가 심하게 편중된 곳이 있다면, 아무래도 우주는 그곳을 중심으로 수축될 것이기 때문이다.

제2 전제는 우주가 '전체적으로 정지해 있고, 그 평균 밀도는 시간에

"우주에는 부분적으로
일그러짐이 존재하지만,
전체적으로는 어디나 같은
성질을 갖고 있다
또한 우주는 전체적으로
정지해 있으며, 팽창하지도
수축하지도 않는다고
나는 생각한다!"

아인슈타인

수축

팽창

팽창

수축

상관없이 변화하지 않는다' 는 것이다. 요컨대 제1 전제로 삼은 우주의 모습은 영원히 지속된다고 가정한 것이다.

　아인슈타인이 이 2가지 전제를 내세운 것은 그가 우주를 '정상우주' , 즉 팽창도 수축도 하지 않는 우주라고 생각했기 때문이다.

일반상대성이론 general theory of relativity

1916년에 발표된 아인슈타인의 이론. 1905년에 발표된 특수상대성이론을 확장해, 가속도를 가진 임의의 좌표계에서도 상대성이 성립하도록 체계화한 이론이다. 특수상대성이론에 등가원리와 리만공간의 기하학적 구조에 대한 중력이론을 합했다. 시공간이 상대성을 띠고 있으며, 시공간은 물체의 존재에 의해 영향을 받는다는 내용을 포함하고 있다. 중력이론으로서는 현재까지 가장 성공적인 이론이며, 우주론의 형성에도 많은 기여를 했다.

아인슈타인
우주항– 척력을 나타내는 변수 람다

　아인슈타인은 당시의 관측 데이터에 기초해 우주에는 $1m^3$당 평균 10개의 양자가 존재한다고 보고, 우주 전체에 중력장 방정식을 적용시켜 보았다. 그런데 아인슈타인의 가정대로라면, 우주는 스스로의 질량에 의해 수축되고 찌부러져 버린다는 사실이 밝혀졌다. 우주가 정상 (팽창하지 수축하지도 않는 안정 상태)이고, 미래에도 물질 상호간의 인력에 의해 찌부러지지 않는다면, 인력에 반하는 힘, 즉 '척력' (두 물체 사이에 서로를 떨쳐버리려고 작용하는 힘)이 존재한다고 생각해보는 길밖에 없다. 그래서 아인슈타인은 중력장 방정식에 척력을 나타내는 변수 '우주항 Λ (람다)'를 도입했다.

　아인슈타인은 스스로 모델화한 정상우주를 유한하다고 생각하고 있었지만, 그것은 시공 4차원 세계의 4차원 구(球) 차원에서 유한한(닫힌 상태) 것이다. 4차원 구를 3차원 공간에서 구현하는 일은 불가능하므로 그 이미지를 일반인에게 그려 보이기는 매우 어렵지만, 일단 시공 4차원 구의 구면이 우리가 사는 3차원 공간에 해당한다고 생각해보자. 우리는 개미가 3차원 구의 구면을 기어 다니는 것처럼 4차원 구의 구면 위, 즉 3차원 공간에서 움직일 수 있을 따름이다. 시공 4차원 구의 중심과 정해진 반경이 존재하긴 하지만, 4차원 구면(3차원 공간)에서 쉽사리 빠져나올 수 없는 우리로서는 그것을 인식할 재간이 없다.

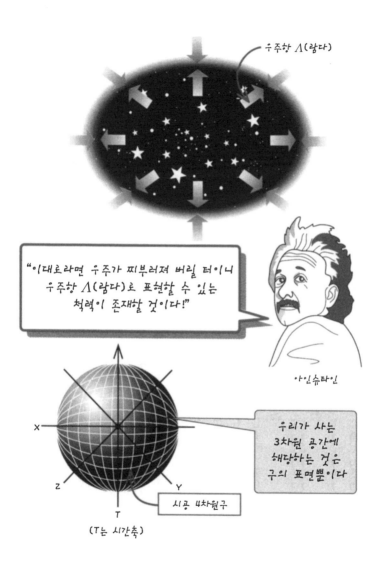

우주항 Λ(람다)

"이대로라면 우주가 찌부러져 버릴 터이니 우주항 Λ(람다)로 표현할 수 있는 척력이 존재할 것이다!"

아인슈타인

우리가 사는 3차원 공간에 해당하는 것은 구의 표면뿐이다

시공 4차원구

(T는 시간축)

아인슈타인의 우주 모델에 따르면, 우리는 얼핏 보기에는 무한하지만 실제로는 유한한 세계에 살고 있다. '우주는 유한하지만 끝이 없다'든지, '계속 직진하면 언젠가 출발점으로 되돌아온다' 든지 하는 말은 이 4차원 구 우주모델에서 일어나는 일을 가리킨다.

프리드만
프리드만 우주 1 – 우주항은 불필요하다

러시아의 수리물리학자 프리드만은 우주의 밀도(일정 공간 안에 포함되는 물질의 양)는 균등하고 변하지 않는 것이라고 생각했다. 그래서 초기 조건이나 해법의 차이에 따라 다양한 종류의 해가 출현하는 아인슈타인 방정식에서 우주항 Λ(람다)를 제외하고 풀어보았다. 그러자 해 가운데 우주가 계속 팽창하거나 역으로 계속 수축됨을 나타내는 해가 있다는 사실을 알게 되었다. 만약 그 해가 맞는다면, 아인슈타인이 주장한 '균질하고 정지한 우주'라는 전제나 중력장 방정식에 도입한 우주항이 필요 없게 된다.

우주의 밀도는 시간과 함께 변화한다는 전제를 바탕으로 프리드만이 발견한 해에 따르면, 이 우주는 '닫힌 맥동(脈動) 우주'이거나 '열린 팽창 우주'이다.

만일 우주의 전 질량이 어느 값보다 크면, 우주가 현재 팽창하고 있다 해도 자기 자신의 중력 때문에 어느 단계에서 수축으로 전환한다.

프리드만 Aleksandr Aleksandrovich Friedmann 1888~1925

러시아의 수학자 · 물리학자. 평균 질량밀도가 일정하고 팽창인수, 즉 곡률반지름 외의 모든 매개변수를 알고 있는 모형우주의 수학체계를 최초로 세웠다(1922). 이 모형은 아인슈타인의 일반상대성이론으로부터 우주론적 모형을 수학적으로 유도하는 데 매우 중요했다. 프리드만은 우주 진화에 대한 '대폭발' 모형을 최초로 가정한(1922, 1924) 사람 중 하나이며 기상역학의 창시자이기도 하다.

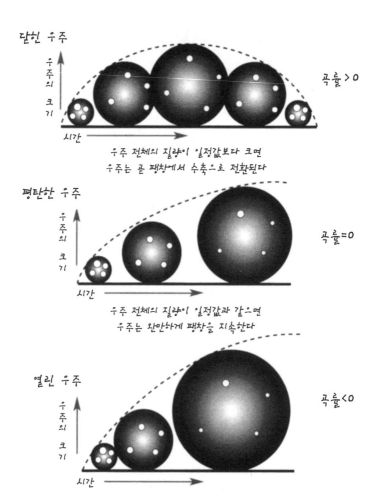

닫힌 우주

우주의 크기

시간

곡률 > 0

우주 전체의 질량이 일정값보다 크면
우주는 곧 팽창에서 수축으로 전환된다

평탄한 우주

우주의 크기

시간

곡률 = 0

우주 전체의 질량이 일정값과 같으면
우주는 완만하게 팽창을 지속한다

열린 우주

우주의 크기

시간

곡률 < 0

우주 전체의 질량이 일정값보다 작으면
우주는 급격히 팽창을 지속한다

수축하는 힘이 커지면 우주는 그대로 찌부러져 버린다. 만약 수축하는 힘이 작으면 수축이 진행됨에 따라 우주의 밀도는 급격히 높아지고 온도와 내압도 상승하며, 어느 시점에서 중력에 의해 수축되는 것을 원상태로 되돌릴 만큼 내압이 증가하면 우주는 다시 팽창하기 시작한다. 그래서 우주는 영원히 팽창과 수축의 사이클을 되풀이한다. 한편 우주의 전 질량이 어느 값보다 작으면, 우주의 중력은 자기 자신의 팽창을 멈출 수가 없다. 따라서 우주는 그대로 무한히 팽창해 희박하게 되어 간다.

정상우주를 고집했던 아인슈타인은 처음에는 프리드만 해의 존재와 그것에 기초한 우주 모델에 부정적인 입장을 취했다.

프리드만 우주 2 – 닫힌 우주, 평탄한 우주, 열린 우주

프리드만 모델에 따르면, 4차원 시공에서 우주 공간 전체의 곡률이 양수, 즉 리만기하학에서 말하는 볼록 곡면이나 볼록 공간의 구조를 갖고 있다면, 우주는 곧 수축으로 전환된다. 거꾸로 그 곡률이 음수, 즉 리만기하학에서 말하는 오목 곡면이나 오목 공간 구조를 취하고 있으면, 우주는 아주 빠르게 무한히 팽창한다. 또한 곡률이 0이거나 0에 지극히 가까우면, 우주는 평탄하게 극도로 천천히 팽창을 계속한다.

다만 리만기하학에서 다루는 볼록 공간이나 오목 공간은 특수한 수학적 기술방법을 사용해야 나타낼 수 있는 공간이라서, 안타깝게도 일반인이 직접 이해할 수 있게 이미지를 그려 보이는 일은 매우 어렵다. 궁여지책으로 도판에 보이는 3차원 구면 등의 볼록 곡면이나 안장처럼 생긴 오목 곡면을 대신 사용한다. 이 경우 주의해야 할 것은 볼록 곡면이나 오목 곡면이 실제로는 우리가 사는 3차원 공간을 표시한다는 점이다.

일반인들이 우주론을 읽을 때 가장 저항감을 느끼는 것이 이 부분인데, 거기에는 이런 사정이 숨어 있다. 본래부터 일상 언어로 적절히 표현하거나 3차원 공간 안에서 명시할 수 없는 세계라서, 그것을 어떻게든 표현해 보려고 리만기하학 같은 특수한 수학을 사용하게 된 것이다. 일상언어의 표현력에는 한계가 있다. 특히 형태가 직접 보이지 않

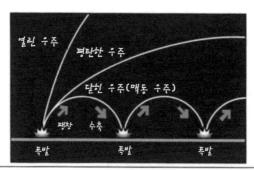

프리드만 우주모델		
닫힌 우주 (맥동우주)	평탄한 우주	열린 우주

	닫힌 우주 (맥동우주)	평탄한 우주	열린 우주
우 주 의 유 형			
질 량	우주의 질량이 일정값보다 크다	우주의 질량이 일정값과 같다	우주의 질량이 일정값보다 작다
시 공 곡 률	곡률 > 0	곡률 = 0	곡률 < 0
체 적	유한	무한	무한
우 주 의 운 명	수축(블랙홀화) 또는 수축 후 다시 팽창	서서히 팽창을 계속한다	급격히 계속 팽창한다

는 복잡한 구조나 상식을 뛰어넘는 가상 세계의 양상 따위를 정확하게 표현하려면, 그에 걸맞은 새로운 언어를 만들어내는 수밖에 없다. 수학이란 그러한 새로운 언어를 만들고 그것의 응용 방법을 연구하는 학문이다.

항성거리 측정법

우주는 정상 상태인지 팽창하고 있는지, 아니면 수축하고 있는지를 알려면, 우선 가장 기본적인 사실, 즉 우주의 다양한 천체까지의 거리를 알고 있어야만 한다. 이야기를 더 진전시키기 전에, 천체까지의 거리를 계측하는 방법이 발전해온 역사를 간단히 살펴보기로 하자.

연주시차에 의한 거리 측정

전장에서 연주시차(관측자가 어떤 천체를 동시에 두 지점에서 보았을 때 생기는 방향의 차)를 측정하는 것이 지동설을 입증할 최상의 증거가 되던 시대가 있었다는 이야기를 한 적이 있지만, 지금은 관측기술이 진보함에 따라 항성 몇 개의 연주시차를 계측할 수 있으면, 그 별까지의 거리를 계산할 수 있게 되었다. 지구에서 태양까지의 거리는 뉴턴 역학을 이용해 정확하게 계산할 수 있으므로, 그 값과 연주시차를 바탕으로 그림의 △ACD 형상을 결정할 수 있다. 다음으로 삼각비를 이용하여, 태양과 항성의 거리 CD와 지구와 항성 간의 거리 AC를 간단하게 구할 수 있다.

확실한 방법이긴 하지만, 이 계측법에는 한계가 있다. 항성까지의 거리가 너무 멀어지면, 그림에서 광적(光跡)을 나타내는 AC와 BC가 거의 평행하게 되

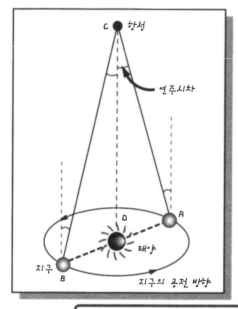

지구가 태양의 주위를 돌고 있기 때문에 위치에 따라 멀리 있는 별의 보이는 방향이 달라진다

이때 방향각 차이를 연주시차라고 한다

이것을 이용하여 별의 거리를 잴 수 있다

"지동설의 정당성을 입증할 증거인 줄만 알았던 연주시차를 이런 데 사용하리라고는 생각도 못했다"

코페르니쿠스

갈릴레이

어, 연주시차를 검출할 수 없기 때문이다.

이 계측법의 원리는 그리스 시대부터 알려져 있었다. 어떤 그리스 학자들은 그 사이의 거리를 정확하게 알고 있는 지구상의 2지점에서 동시에 달을 관측하고, 그 시차를 구하는 방법을 통해 지구에서 달까지의 대강의 거리를 계산해냈다.

별의 색깔에 의한 거리 측정

별의 거리가 정해지면 '광원(별)의 밝기는 거리의 제곱에 반비례한다'는 원리를 이용해 그 별의 절대등급을 계산할 수 있다. 절대등급이란 어떤 별이 32.6광년 거리에 있다고 가정했을 때의 광도(등급)를 나타내는 수치로, 다른 거리에 있는 별들의 진정한 광도를 비교할 때 쓰인다. 한편 별의 색깔은 표면 온도의 높낮이에 따라 결정되기 때문에, 스펙트럼 분석을 통해 그 색깔을 몇 단계로 분류할 수 있다. 그것을 별의 스펙트럼이라 부르며, 일반적으로 별의 색깔이 청색에 가까울수록 표면온도가 높고, 적색에 가까울수록 표면온도는 낮다.

지금 별의 스펙트럼형을 가로축으로(청색에 가까운 것을 왼쪽에, 적색에 가까운 것을 오른쪽에), 또 별의 절대등급을 세로축으로 하여 절대등급과 스펙트럼형이 판명된 별을 분류하면, 대부분의 별이 주계열이라 부르는 중앙의 띠 부분에 위치하게 된다. 주계열에 속하는 별들(태양도 그 중의 하나)은 중심부에서 수소 핵융합 반응이 일어나고 있다. 별의 스펙트럼형과 절대등급의 관계를 나타내는 이 그래프는 헤르츠스프룽－러셀도라고 부르며, 스펙트럼형

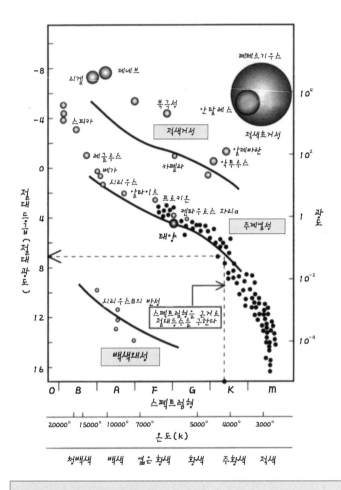

멀리 있는 별의 스펙트럼을 알면, 그 별의 절대등급을 알 수 있다
절대등급을 알면, 그 별의 겉보기 밝기(등급)와 비교하여 거리를 구할 수 있다

을 알고 있는 별의 절대등급을 구하는 데 쓰인다. 연주시차를 잴 수 없을 만큼 멀리 있는 별도 그 빛을 분광기로 분석하면 스펙트럼형을 결정할 수 있기 때문에, 그 별의 절대등급을 구하는 일은 어렵지 않다.

별의 절대등급이 결정되면, 그것과 별의 겉보기등급을 비교해 별까지의 거리를 계산할 수 있다. 이 방법을 통해 우리는 저 멀리 3000광년이나 떨어져 있는 별까지의 거리를 측정할 수 있게 되었다.

케페우스형 변광성에 의한 거리 측정

정해진 주기로 밝기가 변화하는 특수한 별을 변광성이라 부른다. 변광성에는 식변광성과 맥동변광성의 2종류가 있다. 공통 중심을 중심으로 공전하는 2개의 항성(연성)이 서로 상대를 숨겨주거나 서로 바싹 붙어 나란히 있으면서 빛나는 것처럼 보이는 일이 있다. 이러한 별을 멀리에서 보면 1개의 별이 규칙적으로 밝기가 변하는 것처럼 보인다. 이러한 별을 '식변광성(eclipsing variables)'이라 부른다.

한편, 특수한 에너지 구조가 원인이 되어, 주기적으로 팽창과 수축을 되풀이하는 별이 있다. 팽창할 때에는 광도가 늘고 수축할 때에는 광도가 줄어드는 이런 종류의 별을 케페우스형 변광성(세페이드 변광성이라고도 한다) 또는 '맥동변광성(pulsating variables)'이라 부른다. 오랜 연구 끝에 이 케페우스형 변광성에는 변광주기(맥동주기)와 절대광도 간에 일정한 관계가 있다는 사실이 밝혀졌다. 그 관계를 간단히 말하자면 변광주기가 길수록 그 별의 절대광도는 커진다는 것이고, 그것을 주기-광도 관계라 한다.

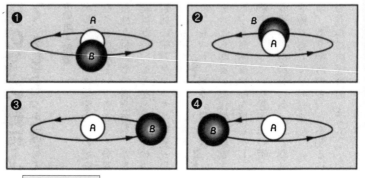

식변광성의 예

A와 B 모두 항성이지만, B는 A의 주변을 돌고 있다

따라서 ❸❹일 때는 A와 B의 빛이 합해져서 밝게 되고, ❶❷일 때는 어두워진다

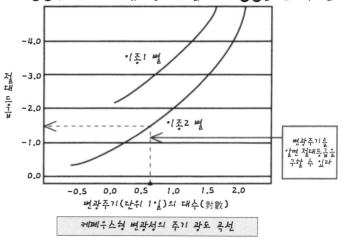

케페우스형 변광성의 주기 광도 곡선

케페우스형 변광성(맥동변광성)은 변광 주기가 길수록 절대등급이 커진다
그 별의 절대등급을 알면, 겉보기 등급과
비교해서 거리를 산정할 수 있다

만약 멀리 있는 케페우스형 변광성의 변광주기를 측정할 수 있다면, 주기-광도 관계를 바탕으로 그 별의 절대등급을 추정할 수 있다. 그리고 절대등급과 겉보기등급을 비교해서, 그 변광성까지의 거리를 구한다. 수가 많지는 않지만, 변광성 중에는 매우 밝은 것이 있기 때문에, 1000만 광년 너머에 있는 별까지의 거리를 측정할 수 있다.

어느 성운까지의 거리를 구하려면, 그 성운에 속하는 케페우스형 변광성을 찾아내어, 변광주기를 바탕으로 그 거리를 산출하면 된다. 모체인 성운과 변광성은 거의 등거리에 있다고 보아도 좋기 때문이다.

은하 안의 가장 밝은 별을 이용한 거리 측정

멀리 있는 케페우스형 변광성은 망원경을 통한 관측으로 광도의 주기적 변화 양상을 파악하기 어렵다. 그래서 분광기(spectroscope)를 이용한 관측을 통해 광도의 주기 변화를 계측하지만, 그럴 경우에도 저 먼 은하(성운) 속에 있는 케페우스형 변광성을 관측한다는 것은 불가능에 가깝다. 따라서 이 방법으로 측정할 수 있는 은하의 거리에는 한계가 있다. 다만 다행스럽게도 어느 은하 안에 있는 케페우스형 변광성까지의 거리와 그 절대광도를 알면, 그것을 바탕으로 그 은하 안의 가장 밝은 빛(푸른빛을 내는 별)의 절대광도와 거리를 확정할 수 있다.

한편 가장 밝은 별의 성질 자체는 어느 은하에서나 다름없다고 보아도 좋으므로, 각 은하에서 가장 밝은 별은 같은 절대광도를 갖는다고 추정할 수 있다. 그래서 아직 거리를 알지 못하는 은하 안의 가장 밝은 별을 찾아내고, 그

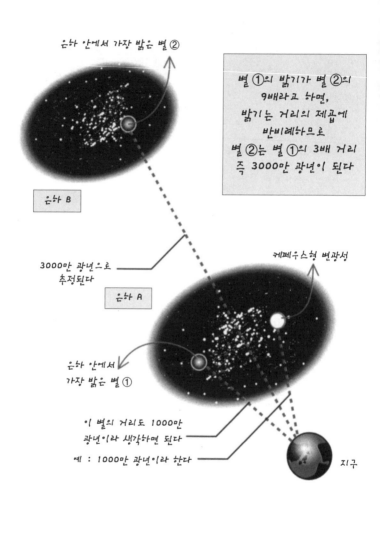

은하 안에서 가장 밝은 별 ②

별 ①의 밝기가 별 ②의
9배라고 하면,
밝기는 거리의 제곱에
반비례하므로
별 ②는 별 ①의 3배 거리
즉 3000만 광년이 된다

은하 B

3000만 광년으로
추정된다

은하 A

케페우스형 변광성

은하 안에서
가장 밝은 별 ①

이 별의 거리도 1000만
광년이라 생각하면 된다

예 : 1000만 광년이라 한다

지구

겉보기광도를 측정하면(물론 분광 관측을 통해), 이미 거리를 알고 있는 은하 안에서 가장 밝은 별의 광도와 비교해 그 거리를 알 수 있다. 은하까지의 거리를 측정하는 척도로 이번에는 변광성 대신 가장 밝은 별을 사용한 것이다. 그 다음은 같은 원리를 반복하면 된다.

예를 들어, 어느 은하의 가장 밝은 별의 겉보기광도가 거리 1000만 광년인 은하 안의 가장 밝은 별의 겉보기 광도의 1/9이라면, 빛의 밝기는 거리의 제곱에 반비례하기 때문에, 그 은하는 대략 3000만 광년 거리에 있다고 생각할 수 있다.

허블
스펙트럼 밴드 – 빛의 띠를 이용한 파장 분석

1919년, 미국의 천문학자 허블은 캘리포니아 윌슨산천문대에 설치된 구경 100인치의 최신형 망원경을 이용해 성운 연구에 매달렸다. 물론 허블 역시 성운까지의 거리를 계산해내는 척도로 케페우스형 변광성을 사용했다. 그는 그 척도를 이용해 다양한 성운까지의 거리를 측정했고, 몇 개의 성운은 수십만 광년 이상이나 되는 먼 곳에 있다는 사실을 밝혀냈다. 그리고 그 거리를 바탕으로, 그것들이 태양계가 속해 있는 우리 은하와는 완전히 다른 은하라는 사실을 입증해 보였다.

이어서 허블은 이미 거리를 알고 있는 케페우스형 변광성과 성운의 움직임을 빛의 도플러 효과를 이용해 조사하는 연구에 착수했다.

허블 Edwin Powell Hubble 1889~1953

몬태나주 마시필드 출생. 시카고대학교 법과를 졸업하고(1910), 옥스퍼드대학교에 진학했다(1910~1913). 처음에는 변호사로 일하였으나 천문학에 흥미를 느껴, 1914년부터 여키스천문대에서 천체관측에 몰두했고, 제1차 세계대전 후인 1919년 윌슨산천문대의 연구원이 되었다. 지름 252cm 망원경으로 성운을 관찰하는 일에 전념하였다.1920년대 초에 소용돌이성운 속에서 세페이드 변광성을 발견하고, 주기광도(週期光度) 관계를 기초로 해 그 거리를 측정한 결과, 모두 은하계 밖에 있는 것임을 확인하고, 소용돌이성운이 외부은하임을 입증했다. 1925년 은하계 밖의 은하에 대한 총괄적인 연구를 시작하여 모양에 따른 분류를 시도하였다. 1929년 은하들의 스펙트럼선에 나타나는 적색이동을 시선속도라고 해석하고, 후퇴속도가 은하의 거리에 비례한다는 '허블의 법칙'을 발견해 우주팽창설에 대한 기초를 세웠다. 1948년 팔로마산천문대에 지름 500cm 반사망원경이 설치되자, 본격적으로 우주탐사에 열중했다.

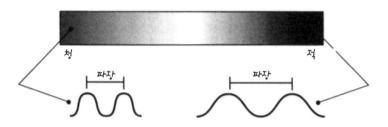

청

적

파장

파장

청색에 가까운 광파의 진동수가 저색에
가까운 광파의 진동수보다 많다

진동수와 에너지의 관계

A, B 모두 진동 크기는 같지만, 에너지는 파장이 짧은 A가 크다
빛의 경우도 마찬가지이다

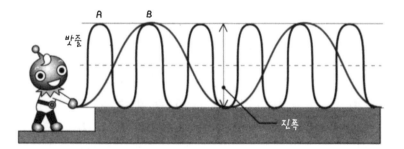

A

B

밧줄

진폭

정지한 광원에서 나오는 빛을 분광기에 걸면, 청색에서 녹색을 거쳐 적색으로 서서히 변화하는 빛의 띠(스펙트럼 밴드)를 얻을 수 있다. 일반적으로 청색에 가까운 빛일수록 파장이 짧고(따라서 단위 시간당 진동수가 많다), 적색에 가까운 빛일수록 파장이 길다(따라서 단위 시간당 진동수가 적다).

또한 빛의 색깔에 관계없이 속도는 일정하기 때문에, 빛의 강도(진폭)가 같은 경우에는 파장이 짧고 진동수가 많은 청색에 가까운 빛일수록 에너지가 커지고, 거꾸로 파장이 길고 진동수가 적은 적색에 가까운 빛일수록 에너지가 작아진다. 긴 밧줄을 손으로 위아래로 흔들어 물결치게 할 경우, 진폭이 같다면 진동수를 많게 하는 쪽이 더 힘이 드는 것을 떠올리면 쉽게 이해할 수 있을 것이다.

도플러 효과 – 움직이는 광원의 스펙트럼은 어긋난다

그렇다면 움직이고 있는 광원에서 나오는 빛을 분광기에 걸면 어떻게 될까? 광원이 관측자 쪽으로 다가오고 있을 경우에는 광원이 정지해 있을 때, 즉 표준상태에 비해서 광파(光波)가 납작하게 눌리게 되고, 그 결과 파장이 짧아지고 단위 시간당 진동수가 증가한다. 그렇기 때문에 광원이 정지해 있을 경우의 스펙트럼 밴드와 비교하면, 스펙트럼 밴드가 전체적으로 청색에 가까운 쪽으로 몰린다. 그 오차의 정도는 광원의 운동속도가 클수록 커진다. 이것을 '스펙트럼의 청색이동' 이라고 한다. 다가오는 기차가 울리는 경적 소리는 기차가 정지해 있을 때의 경적 소리에 비해 크게 들리는 것과 같은 원리이다.

한편, 광원이 관측자 쪽에서 멀어져가고 있을 경우에는 광원이 정지해 있는 표준상태에 비해, 광파가 전체적으로 넓게 퍼지게 되고, 그 결과 파장이 길어지고 단위 시간당 진동수가 감소한다. 그렇기 때문에 광원이 정지해 있을 경우의 스펙트럼 밴드에 비하면, 스펙트럼 밴드가 전체적으로 적색에 가까운 쪽으로 몰린다. 그 오차는 역시 광원의 운동속도가 클수록 크다. 이것을 '스펙트럼 적색이동' 이라고 한다. 멀어져가는 기차가 울리는 경적 소리는 기차가 정지해 있을 때의 경적 소리에 비해 작게 들리는 것과 같은 원리이다.

이렇게 광원이나 음원의 운동이 원인이 되어, 광파나 음파의 주파수

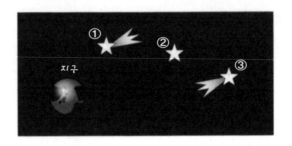

청색이동 ①　　　　지구로 다가오는 항성의 빛

다가오는 속도가 클수록 파장은 짧아진다

표준파 ②　　　　지구와 거리가 일정한 항성의 빛

저색이동 ③　　　　지구에서 멀어져가는 항성의 빛

멀어져가는 속도가 클수록 파장은 길어진다

빛 ②의 파장을 표준으로 한다
별이 다가오는 경우는 파장이 짧아지고, 별이 멀어져가는 경우는
파장이 길어지므로 ①의 경우는 빛의 스펙트럼이 전체적으로
청색에 가까운 쪽으로 몰리는 반면, ③의 경우는 빛의 스펙트럼이
전체적으로 저색에 가까운 쪽으로 몰린다

(진동수)가 표준주파수와 어긋나는 현상을 '도플러 효과'라고 한다. 도플러 효과에 의한 주파수 증감이나 증감의 정도를 계측하면, 거꾸로 발신원의 운동 상태를 알 수 있다.

도플러 Christian Johann Doppler 1803~1853

잘츠부르크 출생. 잘츠부르크 및 빈에서 배웠으며, 1823~1833년 빈의 공업연구소 조수가 되었다. 1841년 프라하의 국립공업대학 수학교수, 1847년부터 셈니츠에서 광산국원(鑛山局員)이 되었고, 그곳 공업대학 수학 · 물리학 · 기계학 교수를 지냈다. 1850년 빈에 물리학연구소가 신설되자 연구소장이 되고, 동시에 빈대학 물리학 교수를 겸임하였으나, 1853년 폐결핵에 걸려 이탈리아의 베네치아에서 사망했다.

도플러의 초기 논문은 수학에 관한 것이었으나, 1842년 「이중성(二重星) 및 그 밖의 몇 개 항성의 착색광(着色光)에 관하여」라는 논문을 발표하고 그 속에서 파동의 근원과 관측자의 상대운동이 가져오는 효과(도플러 효과)의 존재를 지적했다.

이 사실은 음향 면에서는 얼마 후 보이스 발로트에 의하여 실험적으로 확인되었고, 빛에 관해서도 항성의 스펙트럼선(線)의 어긋남을 통해 확인되어 천체물리학 진보에 공헌했다. 그 밖에도 수차(收差) · 항성 · 색채론에 관한 연구와 망원경 · 광학거리계의 개량 등의 업적이 있다.

허블
스펙트럼 적색이동 – 엄청난 에너지를 빼앗는 중력

도플러 효과가 스펙트럼의 적색이동을 일으키는 유일한 원인은 아니다. 거대한 중력 때문에 적색이동이 발생하는 경우도 있다.

빛이 거대한 중력장을 통과하거나, 원래부터 중력장에 있는 광원에서 발해진 빛의 일부가 그 중력장을 탈출하려 하는 경우, 중력이 빨아들이는 강력한 힘을 떨쳐버리고 중력장을 벗어나는 과정에서 빛은 상당한 에너지를 빼앗긴다. 아인슈타인의 원리에 있는 것처럼 질량과 에너지는 같은 것이기 때문에, 에너지 양자의 덩어리인 빛은 당연히 중력의 영향을 받는다. 예가 적절할지는 모르겠지만, 엄청난 에너지를 앗아간 끝에 이별로 치닫는 연애와도 같은 것이다.

앞에서 서술한 대로, 빛은 청색에 가까운 빛일수록 진동수가 조밀하고(주파수가 높고) 에너지가 크다. 따라서 강한 중력장을 빠져나올 때에 에너지를 잃은 빛의 진동수(주파수)는 본래의 진동수에 비해 훨씬 적어진다. 이것은 도플러 효과에 의해 빛의 진동수가 감소된 것과 결과적으로 완전히 동일하기 때문에, 그 스펙트럼은 당연히 적색이동을 일으킨다.

그렇다면 거대한 블랙홀 따위가 존재할 경우, 그 주변부를 통과하거나 그곳에서 빠져나온 빛의 스펙트럼에는 고유한 적색이동이 관측될 것이다. 그렇기 때문에 우주의 어느 지점에서 도달한 빛의 스펙트럼

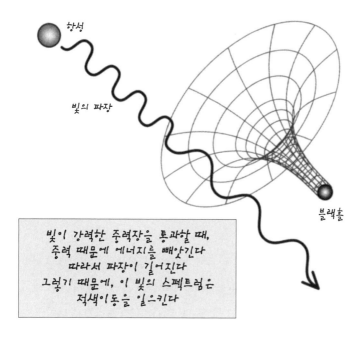

빛이 강력한 중력장을 통과할 때,
중력 때문에 에너지를 빼앗긴다
따라서 파장이 길어진다
그렇기 때문에, 이 빛의 스펙트럼은
적색이동을 일으킨다

적색이동이 우주의 다른 방향에서 도달한 빛의 적색이동과 현저히 다른 특징을 보일 경우, 그 방향에는 블랙홀이나 질량이 큰 암흑 성운 내지 그것에 상당하는 거대한 중력장이 존재할 가능성이 있다.

허블
우주팽창설 – 모든 천체는 서로 멀어져가고 있다

허블이 이미 거리를 알고 있는 성운이나 별의 스펙트럼을 상세히 조사했을 때, 몇 개의 예외가 있긴 했지만 거의 모든 스펙트럼이 적색이동을 보였다. 더구나 거리가 먼 성운이나 별의 스펙트럼일수록 적색이동 정도가 크다는 사실도 알아냈다. 이것은 거리가 먼 성운이나 별일수록 빠른 속도로 멀어진다는 사실을 의미한다.

허블은 관측 데이터를 신중하게 분석한 뒤, 천체가 멀어져가는 속도 V는 그 천체까지의 거리 R에 거의 비례한다는 사실을 밝혀냈다. 그래서 비례정수를 H라 하면, 그 관계는 V = H × R이라는 식으로 나타낼 수 있다고 생각했다. H는 우주의 팽창과 수축 속도를 결정하는 데 중요한 정수로, '허블상수'라 부른다.

허블의 법칙은 '우주 안의 임의의 두 천체가 서로 멀어져가는 속도는 천체 상호간의 거리가 멀수록 커짐'을 의미한다. 지구가 우주의 중심에 위치하는 특별한 별이 아니라고 생각하면, 어느 별을 기준으로 할 경우라도 먼 천체일수록 빠른 속도로 멀어져간다고 생각하는 것이 자연스럽기 때문이다. 그렇다면 우주의 모든 천체는 계속해서 서로 멀어져가고 있는 중이다. 즉 우주는 팽창하고 있다고 생각할 수밖에 없다. 1929년에 허블은 '우주는 한결같이 계속 팽창하고 있다'는 대담한 가설을 발표했다. 이것은 아인슈타인의 정상우주론을 부정하고 프리드

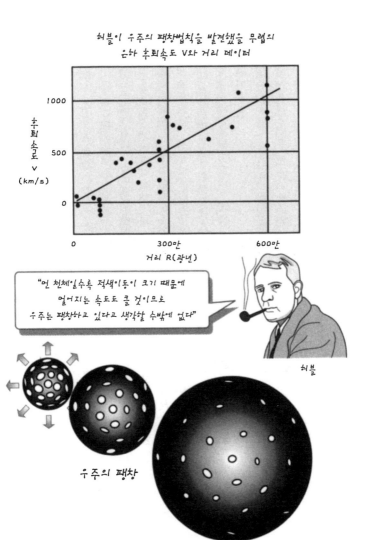

허블이 우주의 팽창법칙을 발견했을 무렵의
은하 후퇴속도 V와 거리 데이터

후퇴속도 V (km/s)

1000

500

0

0   300만   600만

거리 R(광년)

"먼 천체일수록 적색이동이 크기 때문에
멀어지는 속도도 클 것이므로
우주는 팽창하고 있다고 생각할 수밖에 없다"

허블

우주의 팽창

만의 동적 우주론의 정당성을 뒷받침하는 설인데, 그것을 안 아인슈타인은 "우주항을 도입한 것은 내 인생 최대의 실패였다"고 탄식했다고 한다. 그러나 최근 들어 비정상우주론에서도 우주항의 재평가 작업이 벌어지고 있다.

허블의 법칙 Hubble's law

외부은하의 스펙트럼에서 나타나는 적색이동이 그 거리에 비례한다는 법칙. 속도-거리법칙이라고도 한다. 1929년 미국의 허블이 발견했다. 도플러 효과에 의하면 적색이동은 광원(光源)이 관측자로부터 멀어질 때 생기며, 그 이동의 크기는 후퇴속도에 비례한다. 그러므로 허블의 법칙은 외부은하의 후퇴속도가 그것들까지의 거리에 비례함을 보여준다.

이것은 은하들이 속한 우주가 팽창하고 있기 때문이라고 생각되어, 당시 제창된 상대론적 팽창우주론의 관측적 근거가 되었다. 먼 외부은하까지의 거리를 구하려면, 그 은하에 대한 스펙트럼의 적색이동을 측정해, 허블의 법칙을 이용하는 방법이 주로 사용되고 있다. 팽창속도의 거리에 대한 비는 약 106pc당 초속 265km인데, 이 값은 약 5억 광년의 거리까지 적용할 수 있다.

허블

우주의 지평선 – 허블의 법칙을 이용한 우주의 거리 추정

허블의 법칙 'V = H×R' 이 발견됨에 따라, 만약 허블상수 H를 정확히 결정할 수 있다면 우주의 끝에 있는 은하의 거리를 정확히 구할 수 있게 되었다. 먼 은하의 스펙트럼의 적색이동 정도를 조사하면, 그 운동속도 V를 즉시 구할 수 있기 때문에, 그 은하까지의 거리 R = V/H로 계산할 수 있다. 당연히 허블은 종래의 계산법에 기초해 가능한 한 많은 케페우스형 변광성이나 은하를 관측하고, 그 결과를 바탕으로 보다 정확한 허블상수 H를 구하려고 했다.

허블상수가 정해지면, 그 다음에는 적색이동을 이용해 얼마나 멀리 떨어진 은하이든 거리를 추정할 수 있다. 또한 변수 R에 임의의 거리를 나타내는 수치를 대입하면, 그 거리에 있는 별이나 은하가 시선방향(지구와 그 천체를 연결하는 직선방향)으로 현재와 미래에 후퇴하는 속도를 결정할 수 있다. 다시 말해 미래의 우주가 팽창하는 모습을 추측할 수 있다.

은하까지의 거리 R이 커지면 후퇴속도 V도 커지고 머지않아 V가 광속 C와 같아진다. 만약 은하의 후퇴속도가 광속을 넘으면 그 빛은 관측할 수 없어지므로, 그 때의 거리 R을 반경으로 하는 구면이 우리에게 있어서 '우주의 지평선' 이 된다. 그 경계 바깥에 또 다른 우주가 존재한다고 해도, 광속을 뛰어넘을 수 없는 우리로서는 영원히 알 수 없는

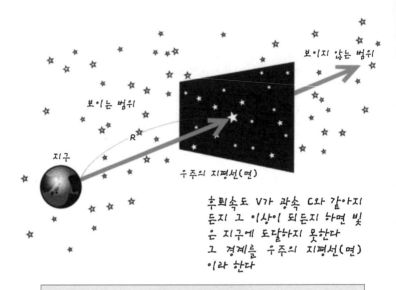

보이지 않는 범위

보이는 범위

R

지구

우주의 지평선(면)

후퇴속도 V가 광속 C와 같아지 든지 그 이상이 되든지 하면 빛 은 지구에 도달하지 못한다 그 경계를 우주의 지평선(면) 이라 한다

$$V(후퇴속도) = H_0(허블정수) \times R(천체까지의 거리) \geqq C(광속)$$

어떤 경우, 그 천체는 지구에서는 관측할 수 없다
따라서 반경 R의 구면이 우주의 지평선(면)이 된다

이 경계 바깥은 보이지 않는다

지구

세계이다.

일반적으로 우리가 이용하는 '우주의 끝'이라는 말은 허블의 법칙에 의해 도출된 이 우주의 지평선을 의미하며, 현재 그 거리는 137억 광년 정도라고 알려져 있다.

허블
허블시간 – 허블상수의 역수는 과거로의 이정표

허블의 법칙과 허블상수가 천문학자들의 광범한 관심을 끈 것은 미래의 천체 운동이나 우주의 팽창 양상을 알 수 있기 때문만은 아니었다. 그 함수식에는 또 하나 중요한 의미가 숨어 있기 때문이다.

허블상수가 정해지면 그 역수 1/H을 계산할 수 있고, 그것을 통해 시간을 역행시켜 과거의 우주로 거슬러 올라갈 수 있다. 조금 더 알기 쉽게 설명하자면, 우주의 모든 물질이 아직 하나로 뭉쳐 있을 때, 즉 우주의 팽창이 시작되었을 때부터 현재에 이르기까지의 시간을 대략 계산할 수 있다는 말이다. 이를 '허블시간'이라고 하며, 이는 곧 우주의 나이를 가리킨다.

어느 은하나 별의 후퇴속도를 V, 그 은하나 별까지의 거리를 R이라고 하면, (거리 R)÷(후퇴속도 V) = (시간), 즉 R/V의 값은 그때까지 필요했던 시간을 나타낸다. 'V = H×R'이라는 식을 변형하면, 'R/V = 1/H'라는 식을 끌어낼 수 있다는 사실에서 알 수 있듯, 허블상수의 역수 1/H는 우주가 현재의 모습을 취할 때까지 필요했던 시간을 알기 위한 척도이다.

또한 만약 허블상수가 임계치(섭씨 100도의 비등점처럼, 어느 수치를 경계로 사상의 양태가 크게 변화할 경우 그 경계치를 가리킴)보다 크면 은하는 우주 전체의 중력을 떨쳐내고 점점 멀어져, 우주 전체는 어디까지고 팽

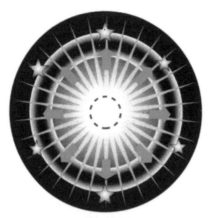

우주 전체가 한결같이 팽창한다면

$$\frac{R}{V} = \frac{1}{H_0}$$

을 구하면 우주의 팽창이 시작되었을 때부터
현재에 이르기까지의 시간을 대략 계산할 수 있다

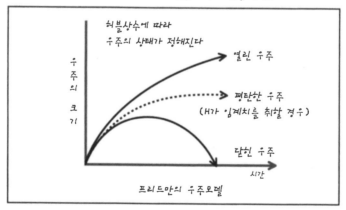

허블상수에 따라
우주의 상태가 정해진다

우주의 크기

열린 우주

평탄한 우주
(H가 임계치를 취할 경우)

닫힌 우주

시간

프리드만의 우주모델

"케페우스형 변광성을 바탕으로 다양한 은하의 거리를 조사해보았다 그 데이터를 검토한 결과 우주 연령은 20억 광년 정도인 듯하다"

허블

35억 년 이상 된 화석이 발견되었다

허블

"아니, 그럴 수가!?"

"허블씨! 당신의 생각은 맞았습니다 그러나 은하까지의 거리 데이터에 오류가 있었습니다 우리들 계산으로는 우주 연령은 100억 년을 넘는 것 같답니다!"

샌디지

창을 계속한다. 반면 허블상수가 어느 임계치보다 작으면 우주 전체의 중력의 영향 때문에 은하의 후퇴속도는 서서히 떨어져, 일정한 유한 거리 R을 경계로 우주는 수축으로 돌아선다. 우주의 미래상에 관심 있는 많은 연구자들이 허블상수를 정확히 결정하는 일에 큰 관심을 기울이는 것은 당연한 일이었다.

문제의 핵심은 정확한 허블상수를 결정하는 데 달려 있었지만, 당시의 망원경 성능과 관측 기술 수준으로는 허블상수를 구하는 데 필요한 별이나 은하의 거리를 정확히 측정하기 어려웠다. 그 당시 세계 최대의 구경과 성능을 자랑했던 윌슨산천문대 망원경조차도 관측할 수 있는 은하의 수와 거리는 제한되어 있었다. 게다가 케페우스형 변광성은 두 종류의 계열이 있다는 사실도 아직 알려져 있지 않았다. 허블이 구했던 은하까지의 거리는 실제 거리의 1/3에 불과했다.

당시의 관측 데이터를 바탕으로 허블은 현재 팽창을 계속하고 있지만, 우주는 유한하고 닫혀 있으며, 따라서 어느 시점을 경계로 수축으로 돌아설 것이라는 결론을 내놓았다. 또한 우주가 팽창을 시작하고 난 뒤 흐른 시간, 소위 '허블시간'은 20억 광년 정도라고 계산했다. 그러나 같은 시기, 방사선에 의한 연대 측정을 통해 지구의 어떤 암석은 35억 년 이상 전에 생성되었다는 사실이 밝혀졌기 때문에, 허블의 추론에 오류가 있다는 사실이 드러났다.

허블은 잘못된 추론을 했으나 위대한 업적을 이룬 사람이고, 허블 우주망원경에 그 이름을 남겼다. 미국의 천문학자 앨런 샌디지(Allan Sandage, 1926~)와 월터 바데(Walter Baade, 1893~1960)는 훗날 허블의 오류를 밝혀내고, 우주가 팽창한다는 결론은 맞지만 허블이 우주를 실제

보다 너무 작게 생각했다는 점, 우주의 팽창 속도가 허블의 계산보다 상당히 느리다는 점을 지적했다. 더 나아가 샌디지는 우주 연령을 나타내는 허블시간은 100억 년을 넘는다는 사실(현재 미국에서는 최신 연구 결과를 바탕으로 137억 년이라 추정하고 있다)을 밝혀냈다.

허블상수 Hubble constant

외부은하의 팽창속도와 거리 사이의 관계를 나타내는 비례상수. 1929년 미국의 천문학자 허블이 외부은하의 팽창속도는 그곳까지의 거리에 비례함을 보여주는 허블의 법칙을 발견했다. 우주의 나이를 예측할 수 있는 이 법칙은 V=HR로 표현하는데, 여기서 V는 적색이동으로 측정한 팽창속도이고 R은 은하까지의 거리를 뜻한다. 이때 비례상수 H가 바로 '허블상수'로, 공간에서의 우주의 팽창률을 의미한다.

허블상수는 외부은하까지의 거리와 팽창속도를 독립적으로 측정하여 정한다. 이때 거리는 세페이드 변광성의 주기와 절대광도의 관계에서 구할 수 있고, 팽창속도는 도플러 효과에 의한 적색이동의 양으로 구할 수 있다.

허블상수를 이용하면 우주의 나이를 예측할 수 있는데, 곧 우주가 같은 속도로 팽창한다고 가정했을 때, 현재의 팽창속도로 은하간 거리를 나누면 은하가 처음 있던 장소에서 그 지점까지 멀어지는 데 걸린 시간, 곧 우주의 나이를 구할 수 있게 된다. 이는 허블상수의 역수로 표시된다.

허블상수의 값은 현재 약 75km/s/Mpc라고 알려져 있으며, 이렇게 구한 허블상수로 예측되는 우주 나이는 90억~120억 년이라고 한다. 그러나 모든 물질 사이에는 만유인력이 작용하므로 거리가 가까울수록 팽창속도는 느려진다. 따라서 옛날에는 현재보다 더 빠른 속도로 팽창했을 것이므로 허블상수의 역수로 구한 우주의 나이보다 실제는 더 짧다고 볼 수 있다.

감속 매개변수 – 열린 우주인가 닫힌 우주인가

앨런 샌디지는 올바른 허블상수를 연구하는 동시에 그것과 관계 깊은 감속 매개변수도 연구했다. 감속 매개변수는 우주 전체의 중력이 우주의 팽창 속도를 늦추게 하는 정도를 조정하고 기술하는 변수이다.

그는 현재 우주가 계속 팽창하는 것은 사실이지만, 우주가 열려 있는지(이대로 영원히 팽창을 계속할지) 아니면 닫혀 있는지(머지않아 팽창이 끝나고 수축으로 돌아설지)를 조사하기 위해 감속 매개변수를 도입하고, 그 값이 1/2보다 큰 경우는 닫혀 있고 1/2보다 작은 경우는 우주가 열려 있다고 생각했다. 그리고 샌디지는 초기의 연구를 바탕으로 감속 매개변수가 거의 1과 같다고 계산해냈고, 시간이 흐른 뒤 그 값을 1.2

샌디지 Allan Rex Sandage 1926~

미국의 천문학자. 강한 전파를 방출하는 준항성(準恒星) 전파원(준항성체)을 처음으로 발견했다. 이 발견은 미국의 전파천문학자 토머스 매슈스와 공동으로 이루어졌다. 1952년에 캘리포니아의 헤일천문대(지금의 윌슨산천문대와 팔로마천문대) 직원이 된 뒤 대부분의 연구를 이곳에서 했다. 1950년대 초 해럴드 존슨과 함께 몇몇 천문학자들의 항성진화이론을 연구하던 중, 여러 구상성단에 있는 가장 밝은 별들의 관측된 밝기와 색의 특성으로부터 이 구상성단들이 나이에 따라 정렬될 수 있다는 것을 증명했다. 이 정보로 항성진화와 은하구조를 밝혔다. 그 뒤 준항성 전파원의 연구를 지휘하여 천체사진성도와 전파원의 정확한 위치를 비교한 뒤 큰 광학망원경으로 강한 전파가 나오는 장소에서 가시광원을 발견하려고 했다. 1961년 매슈스와 함께 이러한 천체를 최초로 발견했다. 나중에 별과 같은 천체들 중 몇몇은 별과 비슷한 특성을 가질 뿐 전파원은 아니라는 것을 발견했다. 또한 많은 전파원에서 나오는 별빛의 세기는 불규칙적으로 빨리 변한다는 사실도 발견했다.

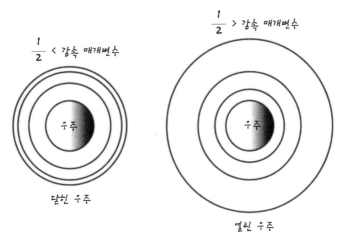

감속 매개변수는 우주 전체의 중력이 우주의 팽창 속도를
늦추는 정도를 나타내는 변수인데, 그 값이 클수록
우주의 팽창 속도는 더욱 늦어진다

$\frac{1}{2}$ < 감속 매개변수

우주

닫힌 우주

$\frac{1}{2}$ > 감속 매개변수

우주

열린 우주

"하지만 은하의 밝기가 시간과 함께
변화한다면 거리 데이터를
신뢰할 수 없기 때문에,
이 생각은 성립하지 않는다
나는 처음에 우주가 닫혀 있다고
생각했지만, 지금에 와서는
열려 있지 않을까라고
생각하기 시작했다"

샌디지

로 수정했다. 말할 것도 없이 그는 우주가 닫혀 있다고 추론했다.

그 뒤 그는 2명의 천문학자와 공동연구를 거듭해, 감속 매개변수 값을 임계치의 3배가량 되는 1.6으로 끌어올렸다. 다만 이전과는 달리, 그것만으로는 우주가 닫혀 있다고 추론할 수 없다고 결론지었다. 은하의 밝기가 시간과 함께 변화한다면, 이론의 기초를 이루는 은하까지의 거리 측정값을 신뢰할 수 없으며, 경우에 따라서는 감속 매개변수가 0이 될 수도 있다는 사실을 알아냈기 때문이다.

확정지을 수 없는 요인과 관련된 새로운 천문 사상이 연이어 발견되고 있기 때문에, 허블상수와 감속 매개변수는 아직까지 확정되지 않았다. 그 후 샌디지 자신이 우주는 열려 있다고 생각하기 시작할 정도로, 우주가 열려 있는지 아닌지는 여전히 해결하기 어려운 문제이다. 이 문제에 결론은 나와 있지 않지만, 미국의 최신 연구에 따르면 우주는 앞으로도 서서히 팽창을 계속하리라는 설이 유력하다.

르메트르

우주 원자 기원설 – 우주는 최초에 1개의 작은 원자였다

허블이 우주가 팽창하고 있다는 사실을 입증함에 따라, 중력장 방정식에 대한 프리드만 해가 현실적으로 의미가 있다는 사실도 밝혀졌다. 그리고 시공 4차원계에 존재하는 임의의 두 점 사이의 거리가 시간적으로 변화하는 양상(즉 4차원 시공의 일그러짐)을 기술한 이 방정식을 시간을 역행시키거나 진행시켜 푸는 과정을 통해, 우주의 과거나 미래의 모습을 논할 수 있게 되었다. 또한 우주가 열려 있느냐 닫혀 있느냐 하는 문제는 '중력장 방정식으로 기술된 4차원 시공 내의 공간 곡률이 양수가 되느냐 음수가 되느냐'는 물음과 같다는 사실도 밝혀졌다.

군이 말할 필요도 없겠지만, 우주가 팽창하고 있다는 사실은 우주론 전문가들에게 답하기 어려운 근원적인 질문을 던졌다. 우주는 언제 어

르메트르 Georges Lemaitre 1894~1966

벨기에의 천문학자·우주론자. 우주가 조그만 원시 '초원자'의 대폭발로 시작되었다는 현대의 대폭발이론을 만들었다. 토목공학자였던 그는 제1차 세계대전 동안 벨기에 군대의 포병장교로 복무했다. 전쟁이 끝난 뒤 신학교에 입학해 1923년에는 사제로 임명되었다. 1923~24년 케임브리지대학교의 태양물리연구소에 있었고, 1925~27년에는 미국 케임브리지의 매사추세츠공과대학에서 공부했는데, 여기서 팽창우주에 관한 미국의 천문학자 에드윈 허블과 할로 섀플리의 발견을 접하게 되었다. 1927년 루뱅대학교의 천체물리학 교수가 되면서 대폭발이론을 제안했다. 이 이론은 아인슈타인의 일반상대성이론으로 은하들의 후퇴를 설명했다. 팽창우주론은 네덜란드의 천문학자 빌렘 드지터에 의해 전에도 논의된 바 있지만, 조지 가모브에 의해 개선된 르메트르의 이론이 우주론을 주도하게 되었다.

"우주가 팽창하고 있다는 사실을 인정하지만, 근본 우주는 어떻게 탄생했고 왜 팽창하기 시작했을까?"

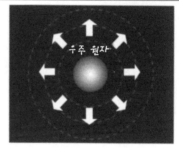

우주 원자

르메트르

"우주는 최초에 극히 작은 1개의 우주 원자였고 현재 우주의 근원이 될 모든 물질을 포함하고 있었는데 그것이 붕괴되어 우주의 팽창이 시작되었다"

"정말 그런 놀라운 일이?!"

떻게 탄생했고, 왜 팽창하기 시작한 것이냐는 의문이다. 벨기에의 물리학자 르메트르는 프리드만과 비슷한 시기에 일반상대성이론을 연구해서 독자적으로 우주팽창설에 도달한 사람인데, 1933년 그 문제에 대한 기발하고도 대담한 가설을 발표했다.

우주는 최초에는 극히 작은 1개의 '우주 원자'였고, 그것은 훗날 우주의 근원이 될 모든 물질을 포함하고 있다. 그리고 어느 순간 그 우주 원자가 방사성 원소와 같은 과정을 거쳐 붕괴되고, 거기에서 한순간에 우주의 생성과 팽창이 시작되었다는 것이다.

르메트르의 이론은 큰 줄기는 맞았지만, 세부적인 부분에서는 오류를 범했다. 다만 그 생각이 훗날의 빅뱅 이론의 모체가 된 것은 틀림없다. 그는 빅뱅 이론의 아버지였다.

가모브

빅뱅 이론 1 – 원시우주는 초고온 상태의 불덩어리였다

조지 가모브는 우주의 비정상성(非定常性)을 처음으로 주장한 프리드만의 제자인데, 1947년 다른 연구자와 공동으로 우주의 기원에 대한 새로운 학설을 발표했다. 양자론 전문가이자 핵융합 반응에도 정통했던 그는 탄생 직후의 우주는 초고온, 초고밀도의 에너지 소립자가 농축된 수프 같은 것이었다고 생각했다. 그 점에서 우라늄 원자 같은 상온 우주 원자를 상정한 르메트르의 이론과 크게 달랐다.

우주 생성 과정에 대한 가모브의 주장을 간략하게 설명하면 다음과 같다. 우주가 1개의 우주 원자로 존재했을 무렵에는 현재의 우주의 모든 물질은 이상한 압력으로 압축되어, 아인슈타인이 물질 에너지론에

가모브 George Gamow 1904~1968

러시아 태생의 미국 핵물리학자 · 우주론학자. 수십억 년 전에 거대한 폭발이 일어나 우주가 형성되었다는 '대폭발이론(big-bang theory)'을 옹호했던 선구자 가운데 한 사람이며 DNA를 연구해 현대 유전학의 발판을 마련했다. 가모브는 이전에 프리드만, 허블, 르메트르 등이 주장했던 팽창우주론의 지지자였다. 하지만 가모브는 이를 수정해 '대폭발(big-bang)'이라고 이름 붙였다. 이 이론과 관련해 가모브와 랄프 알퍼(Ralph Alpher)는 「화학원소의 기원The Origin of Chemical Elements」(1948)이라는 논문에서 우주가 시작된 대폭발 초기에 열핵폭발을 가정해 우주에 퍼져 있는 화학물질의 분포를 설명하려 했다. 이 이론에 따르면 대폭발 후 2중합이나 3중합에 의해 중성자가 잇따라 포획되어 원자핵이 만들어졌다는 것이다. 이 우주론은 그리스 알파벳의 처음 세 문자와 비슷한 3명의 이름을 연관시키기 위해 한스 베테(Hans Bethe)의 이름을 논문에 추가시켜, 종종 알퍼-베테-가모브 이론이라고 부른다.

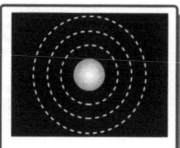

"초고온, 초고밀도 에너지 소자(중성자)의 덩어리가 우주의 근원이었다
그 에너지의 불덩어리가 폭발, 팽창하여 우주가 생겼다"

가모브

프레드 호일과 다수의 과학자들

"불덩어리가 폭발, 팽창하여 생겼다니 빅뱅(어처구니없는 헛소리)이다!"

"나를 비웃느라고 빅뱅이라고 부르는 모양인데, 좋아 그렇다면 이 이론을 빅뱅 이론이라 부르기로 하지!"

가모브

서 말했듯이 거의 에너지화되어 있었을 것이다. 더구나 그것은 초고온, 초고밀도인 에너지 불덩어리 상태로 한 점에 응축되어 있을 것이다. 이윽고 그 불덩어리는 거대한 핵이 터지듯 폭발해 맹렬한 기세로 팽창하기 시작하고, 팽창과 함께 온도가 급격히 떨어지면서 방대한 에너지가 다양한 우주 구성 물질로 바뀌었다.

이 새로운 이론은 발표 당시 많은 학자들의 조롱거리가 되었다. 그리고 비판적인 학자 집단은 과대망상적이고 어처구니 없는 헛소리라는 의미를 담아 그것을 '빅뱅'이라고 불렀다. 그런데 신기하게도 가모브는 그 말이 마음에 들었는지, '빅뱅 이론'이라는 호칭을 적극적으로 사용했다. 초고밀도 중성자로 가득 찬 화구(火球, fireball)를 빅뱅의 원점에 둔 가모브의 학설은 그 후 우주론 분야에 커다란 파문을 불러일으켰다.

빅뱅 이론 2 – 우주의 체적은 무한히 제로에 가까웠다?

하지만 빅뱅 이론이 신뢰를 얻는 과정은 평탄하지 않았다. 빅뱅의 원점에 중성자로 이루어진 10억 도 이상의 불덩어리를 상정한 가모브의 이론은 본래부터 미비점이 있었다. 빅뱅 이론 비판의 선봉에 섰던 영국의 천문학자 프레드 호일은 가모브가 말한 초기 조건이라면 수소나 헬륨은 형성되지만, 탄소·질소·규소·구리·철 등을 비롯한 조금 더 무거운 원소는 생성될 수 없다고 반박했다. 그리고 무거운 원소류는 항성의 활동으로 생성되며, 그 항성이 초신성이 되어 폭발할 때 우주로 확산된다는 사실을 증명했다.

또한 빅뱅 이론이 옳다고 해도, 불덩어리의 맨 처음 온도는 그것이 탄생하고 나서 1/100초 지난 시점에 벌써 1조 도나 되기 때문에, 그 시각 이전에는 상상을 초월하는 초고온이라 상정해야 한다는 사실이 알려졌다. 우주 전체가 체적 제로가 되기까지 수축된 상태를 생각하면 그곳의 에너지 밀도는 무한대가 되고, 따라서 온도도 무한대가 되어야 하기 때문이다.

이 우주가 일반상대성이론조차 통용되지 않는 그러한 특이점(물리학 이론이나 수식으로 설명 불가능한 이상하고 특수한 영역)에서 탄생했다는 생각은 너무나도 엉뚱해서 쉽게 받아들이기 어려웠다. 또한 만에 하나 한결같이 균일한 상태였던 에너지의 불덩어리가 급격히 팽창했다 하

부정 1

"가모프는 우주의 근원이 중성자 불덩어리였다고 말하지만, 그렇다면 무거운 원소는 생성될 수 없을 것이다 그러니 그 녀석은 허풍쟁이다!"

호일

부정 2

"빅뱅을 인정한다면 최초의 불덩어리의 온도나 밀도가 무한대여야 한다 그런 엉터리 같은 일이 있겠는가!"

"분하다! 하지만 곧 증거를 찾아낼 거야!"

부정 3

"아주 작고도 작은 에너지 불덩어리가 폭발, 확장된 것만으로 어떻게 그 무수한 은하가 생겨나겠는가!"

수수께끼 같은 빅뱅 군 등장!

더라도, 그것만으로 은하나 은하군으로 특징 지워지는 대우주의 구조
· 생성 과정을 설명하기는 곤란했다.

엄청난 비판에 직면하면서도, 가모브는 초기 우주의 모습을 관측할
수 있다면 우주가 불덩어리였을 때의 증거를 찾을 수 있을 것이라 예언
했다.

호일 Fred Hoyle 1915~2001

영국의 천문학자. 케임브리지대학을 졸업한 호일 경은 1958~1972년에 이 대학 교수로,
1957~1962년에는 팔로마 천문대에서, 1953~1954년에는 캘리포니아 공과대학에서, 그리고
1972~1978년에는 코넬대학에서 각각 근무했다. 그는 1940년 허만 본디와 토마스 골드 등 동
료 과학자와 '정상우주론(The Steady State Theory)'을 공동 발표했다. '정상우주론'은 우
주는 시작과 끝이 없으며, 우주 내에서는 시간과 공간에 관계없이 우주의 모습은 항상 똑같다
는 것이다.

이는 당시 대두된 천문학 이론인 '빅뱅 이론(대폭발설)'과 반대되는 것으로, 호일 경은 1950년
'우주의 본질'이라는 방송 강의에서 '빅뱅'이라는 말을 처음 사용했다. 그는 당시의 대폭발설
을 비아냥거리기 위해 이 용어를 썼는데, "우주가 어느 날 갑자기 빵(bang)하고 대폭발을 일으
켰다는 이론도 있다"며 대폭발설을 비웃은 것이다.

이때부터 당시 가모브 등이 주장한 대폭발설은 '빅뱅 이론'이라고 불렸고, 가모브 역시 자신이
처음 지은 '원시 불덩이(primeval fire ball)'란 말 대신 이를 사용했다

호일은 스티븐 호킹이 등장할 때까지 영국에서 가장 저명한 천문학자로 명성을 날렸으며, 저서
로는 TV 연속극으로 방영된 과학소설 『안드로메다 성운의 A』와 『흑운(黑雲)』 등이 있다.

펜지어스와 윌슨
우주배경복사 – 그것은 갓 태어난 어린 우주의 자장가였다

우리가 눈으로 보는 우주는 언제나 과거의 우주이다. 관측하고 있는 천체까지의 거리가 멀면 멀수록(예컨대 수천만 광년, 수십억 광년…), 우리는 더 먼 과거의 우주의 모습을 보고 있는 것이다. 기묘한 일이지만 아무렇지도 않게 눈에 띄는 친근한 풍경이야말로 우리 지구인에게 시각적으로 가장 새로운 것이다. 만약 어떤 이유에서인가 태양이 소멸한다 하더라도, 우리는 약 8분 20초 뒤에야 그 사실을 알 수 있다.

가모브가 우주 저 멀리 있는 곳을 분명하게 조사할 수 있다면 빅뱅이 먼 과거에 일어났다는 것을 보여줄 유력한 증거를 얻을 수 있다고 기대한 것도 당연한 일이었다. 하지만 관측기술의 한계 때문에 좀처럼 현

펜지어스 Arno Allan Penzias 1933~

독일 뮌헨 출생. 1940년 가족과 함께 미국으로 건너가 1954년 뉴욕시립대학 물리학과를 졸업했다. 1962년 컬럼비아대학에서 물리학 박사학위를 취득하고, 1961~1976년 벨연구소 연구원, 1976~1979년 동(同) 전파연구소 소장을 역임했다. 1967년 프린스턴대학의 강사, 1974년 뉴욕주립대학 조교수로도 있었다. 1964년 우주의 기원에 관한 빅뱅 이론을 설명할 수 있는 3K의 우주배경복사를 발견했다. 이 공로로 1978년 윌슨과 함께 노벨물리학상을 수상했다.

윌슨 Robert Woodrow Wilson 1936~

미국의 전파천문학자. 1957년 휴스턴의 라이스대학교를 졸업하고, 1961년 캘리포니아 공과대학에서 박사학위를 취득한 후 1963년까지 특별 연구원으로 있었다. 1963~1976년 벨 전화회사 홀름델 연구소 연구원, 1976년 동 연구소의 전파물리학과장이 되었다. 1964년 펜지어스와 함께 3K의 우주배경복사를 발견, 1978년 노벨물리학상을 공동 수상했다.

실화되지 못했다.

그런데 상황은 생각지도 못한 곳에서 순식간에 진전되었다. 1964년, 벨연구소 연구원 펜지어스와 윌슨은 통신위성용 지상무선국을 만들기 위해, 원뿔형 안테나를 사용하여 우주의 백그라운드 노이즈(전파 잡음)를 연구했다. 그러던 중 그들은 우연히 정체불명의 마이크로파가 우주의 모든 방향에서 오고 있다는 사실을 알아냈다. 발신원을 알 수 없는 그 마이크로파(낮은 에너지의 미약한 전자파)는 절대온도 약 3K(정확히는 절대온도 2.7K. 절대온도 2.7K는 섭씨 -275.7도에 해당)인, 극저온 물체가 발하는 전자파와 파장이 같은 마이크로파였다. 그 정체를 해명하기 위해 검토를 계속하던 그들이 만난 것은 뜻밖에도 가모브의 빅뱅 이론이었다.

그 후 이 마이크로파를 '3K 우주배경복사'라 부르게 되었고, 펜지어스팀의 연구 결과 이것의 존재 이유를 설명할 수 있는 것은 빅뱅 이론밖에 없다는 사실이 차츰차츰 밝혀졌다. 왜냐하면 우주가 탄생하고 나서 10만 광년 가량 지났을 무렵 우주는 1억 K 정도의 초고열 방사(광양자) 흔적으로 가득 차 있었고, 그것이 바로 이 마이크로파였다고 생각하는 것이 가장 자연스럽기 때문이다.

열에너지 양이 일정하면, 그 에너지가 존재하는 공간이 작을수록 온도가 높고, 거꾸로 공간이 클수록 온도는 낮아진다. 그것과 같은 원리로, 우주는 그 후에도 급격히 팽창을 계속하기 때문에 우주의 온도는 급속도로 내려갔다. 보다 논리적으로 설명하면, 우주가 급격히 팽창함에 따라 초기 우주를 가득 채우고 있던 고온의 빛 파장이 길게 늘어나 적외선이 되고, 팽창이 더욱 진행됨에 따라 파장이 조금 더 늘어나서

지구

먼 곳에서 도착한 빛이나 전파일수록 먼 과거의 모습을 내포하고 있다

"절대온도 3K인 마이크로파의 정체는 도대체 무엇이란 말인가!"

펜지어스 윌슨

우주의 모든 방향에서 관측된 정체불명의 전파

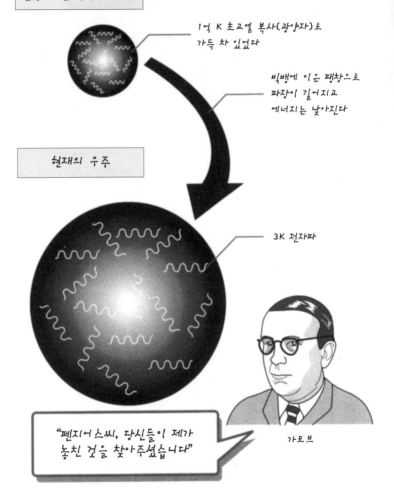

3K 전자파가 된 것이다. 그리고 그 전자파는 지금도 빅뱅의 흔적, 즉 그 화석으로서 우주 전체를 떠다니고 있다는 말이다.

100억 광년 이상 되는 거리를 넘어 우주의 모든 방향에서 오는 3K 마이크로파가 일찍이 작은 우주 전체를 가득 채우고 있던 초고온 광양자의 화신이라는 사실이 밝혀짐에 따라, 빅뱅 이론은 순식간에 되살아났다. 가모브의 예언이 멋지게 적중했던 것이다. 한편 우주에 존재하는 헬륨의 양은 별에서 생성 가능한 양보다 훨씬 많지만, 그 태반이 빅뱅 직후 초고온 상태의 우주에서 생성되었다고 생각하면 무리 없이 설명이 가능하다. 이것 또한 빅뱅 이론의 정당성을 말해주는 유력한 증거가 되었다.

겔러
거품구조 – 거품 상태로 조직된 집합체의 수수께끼

본래 스파이위성용 기술이었던 CCD(전하결합소자) 카메라를 장착한 대형망원경의 등장은 전파망원경, 허블 우주망원경, X선 천문위성, 자외선 천문위성 등과 비견할 만한 천문학상의 일대 사건이었다.

CCD는 은 입자를 이용했던 종래의 감광판이나 감광필름 대신 광전소자를 배열한 고감도 디지털식 감광 시스템이다. CCD 기술 덕분에 빛의 강약 차이를 예전의 필름 촬영에 비교해 100배나 자세하게 식별할 수 있게 되었다. 또한 매우 어두운 천체의 분광관측, 필름 방식으로는 검출 불가능한 파장을 가진 빛을 관측하는 일도 가능해졌다. 그래서 이제까지 조사할 방법이 없었던 먼 은하의 적색이동을 정확히 계측하고, 허블의 법칙에 따라 그 은하까지의 거리를 구할 수 있게 되었다.

또한 최근에는 은하의 회전속도와 절대광도에 일정한 관계가 성립한다는 것, 특히 적외선 영역에서 그 경향이 두드러진다는 사실이 밝혀졌다. 그래서 CCD 카메라에 의한 은하의 분광관측이나 은하가 내보내

겔러 Margaret J. Geller 1947~
하버드 스미소니언 천체물리센터와 하버드대학 천체물리학 교수이다. 우주의 거대 구조에 대한 놀라운 작업으로 유명하다. 겔러, 후크라, 래퍼런트의 '은하들의 거품구조'에 대한 논문은 20세기 후반 가장 중요한 작업 중 하나로 여겨진다. 겔러는 1970년 캘리포니아대학을 졸업한 후 프린스터대학에서 1972년 석사학위를 1975년 박사학위를 받았다.

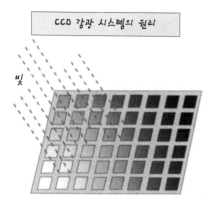

CCD 감광 시스템의 원리

빛

광자가 1개 도달할 때마다 광전
소자가 반응한다
그래서 개개의 광전소자가 반응
한 횟수를 컴퓨터로 계산한다
곧 반응 횟수가 많은 곳일수록
빛이 강한 것이다
개개의 점(소자)이 발하는 빛의
강약을 컴퓨터로 처리하여 영상
화하면, 천체의 영상을 얻을 수
있다

CCD 카메라의 등장으로 이제까지 불가능했던,
먼 은하나 어두운 천체를 발견하고 거리를 측정하는 일이 가능해졌다

은하

은하의 회전속도와 절대등급에는
일정한 관계가 있다
회전속도를 알면 절대등급을 알
수 있다
그것을 바탕으로 거리를 결정할
수 있다

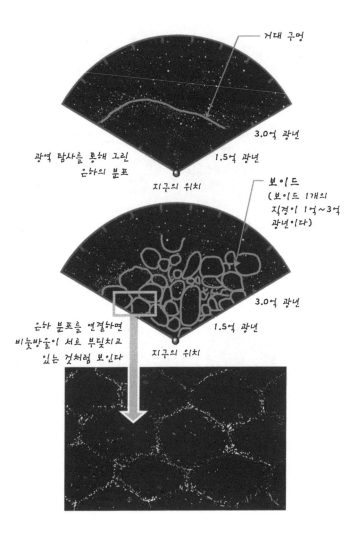

거대 구멍

3.0억 광년

1.5억 광년

광역 탐사를 통해 그린
은하의 분포

지구의 위치

보이드
(보이드 1개의
지경이 1억~3억
광년이다)

3.0억 광년

1.5억 광년

은하 분포를 연결하면
비눗방울이 서로 부딪치고
있는 것처럼 보인다

지구의 위치

는 전파의 도플러 효과 측정을 통해 그 회전속도를 계산하고, 이를 바탕으로 절대광도를 구할 수 있게 되었다. 이미 서술한 것처럼 은하의 절대광도를 알면 겉보기 광도와 비교해 은하까지의 거리를 결정할 수 있다.

1986년, 하버드 스미소니언 천체물리학 센터의 마거릿 겔러 팀은 이러한 거리 측정법을 이용해 우주의 일정 범위에 있는 1000개 이상 되는 은하의 거리를 측정하고, 그 결과를 도면으로 작성해 정밀한 은하분포도를 만들었다.

하버드 스미소니언 연구팀은 그 후에도 연구를 계속해 4000개가 넘는 은하의 분포도를 만들었는데, 그 결과는 놀랄 만한 것이었다. 우주의 은하 분포는 균등하지 않다는 사실이 밝혀졌다. 또한 다수의 은하가 모여 은하단을 만들고, 다시 은하단이 모여 초은하단을 만드는, 대규모의 '계층구조'가 우주에 존재한다는 사실도 드러났다. 더구나 그 은하나 은하단은 크고 작은 무수한 거품이 겹겹이 쌓여 있는 듯한 매우 기묘한 분포 양상을 보였다.

마치 크고 작은 비눗방울이 포개져 서로 엎치락뒤치락하는 듯한 구조로 되어 있고, 거품과 거품의 경계선에 해당하는 영역에 은하나 은하단이 집중적으로 분포되어 있다. 그리고 은하의 박막에 둘러싸여 은하가 전혀 존재하지 않는, 거품 안의 빈 공간과 꼭 닮은 영역(보이드void, 공동空洞)이 펼쳐져 있다는 사실도 알게 되었다. 각각의 보이드는 직경 1억 광년에서 3억 광년 정도이고, 우주의 저편까지 이어지는 이 거품 구조는 우주의 팽창과 함께 팽창하고 있다는 사실도 밝혀졌다.

우주를 절단해 그 단면도를 그려보면, 구멍의 크기가 일정하지 않은 벌집 모양의 구조가 드러난다. 벌집 구조로 된 구멍과 구멍의 격벽(隔壁) 부분에는 무수한 은하나 은하단이 나란히 빛나고 있고, 그 중에서도 거대한 격벽이 이어져 있는 것을 '거대 구멍(Greate Hall)' 이라 부른다.

다만 거품 구조의 생성 과정에서, 보이드 부분은 속이 비어 있는지, 아니면 관측할 수 없는 미지의 암흑물질로 가득 차 있는지 아직 해명되지 않은 채 커다란 수수께끼로 남아 있다.

루빈

암흑물질 – 중력을 통해서만 존재를 인식할 수 있는 물질

 전파망원경을 이용해 은하가 내보내는 전파의 도플러 효과를 조사하고 그것을 바탕으로 은하의 회전속도를 결정하면, 은하의 거리 R을 알 수 있다. 거리 R을 알면 허블의 법칙 $V = H \times R$을 이용해 그 은하의 후퇴속도가 정해진다. 그렇게 해서 구한 속도를 V_0라고 해보자.

 한편 CCD 카메라를 이용한 정확한 분광관측을 통해 그 은하의 적색편이를 조사하고, 그것을 통해 산정한 같은 은하의 후퇴속도를 V라고 해보자.

 우주가 이상적으로 한결같이 팽창하고 있다면 V와 V_0은 일치하기 때문에 $V - V_0 = 0$이 되겠지만, 현실적으로 $V - V_0$의 값은 0이 아니다. '은하의 특이속도'라 부르는 이 수치의 값은 우주의 이상적인 팽창에서 벗어나 있음을 나타낸다. 이 값의 차가 크다는 사실은 그 은하가 다른 거대 은하 따위의 중력에 영향을 받고 있음을 의미한다. 특히 복수

루빈 Vera Cooper Rubin 1928~
1948년 바사르대학 천문학과를 졸업한 후 1951년 코넬대학에서 석사과정을 마쳤다. 이 무렵 빅뱅 이론을 폭넓게 받아들이기 시작했다. 그 후 은하들이 알려지지 않은 어떤 중심 주위를 회전하고 있다는 이론을 전개했으나 아직 명확한 증거가 제시되지 않아 받아들여지지 않았다. 그녀의 이론이 완성된 것은 조지타운대학에서였고 이곳에서 1954년 박사학위를 받았다. 또한 그녀는 츠비키에 의해 그 존재가 제기되었던 암흑물질을 1978년 나선은하의 회전속도를 관측함으로써 확인했다. 1993년에는 미국 국가과학상, 1996년 영국 왕립천문학회 금상을 수상했다.

의 은하단이 특이속도가 극단적으로 크고 수치도 서로 가까우며, 더구나 가까이에 그럴 법한 중력원이 보이지 않을 경우, 엄청난 질량을 가진 암흑물질(dark matter) 같은, 미지의 거대 중력원(Great Attractor)이 그 근처에 존재한다고 생각하는 것이 자연스럽다.

최근 우리가 사는 은하계에서 반경 2억 광년 범위 안에 있는 모든 은하가 초속 600km로 같은 방향으로 운동하고 있는 점, 그 운동을 일으킨 거대 중력원이 처녀자리은하단, 켄타우로스은하단 방향에 있다는 사실 등이 확인되었다. 그 거대 중력원은 5만 개 이상의 은하로 이루어진 초은하단이거나, 태양의 1조 배의 1만 배에 해당하는 질량을 가진 암흑물질일 것이라 추정된다.

전파망원경이나 CCD 카메라 관측을 통해 은하나 은하단의 정밀한 회전속도를 연구하는 과정에서 또 하나의 예상치 못한 문제가 튀어나왔다. 개별 은하나 은하단은 그 중심에 가까운 부분이든 바깥쪽에 가까운 부분이든 같은 회전주기로 돌고 있다는 사실이 밝혀졌기 때문이다.

태양계에 속한 각 혹성의 운동을 생각해보면 알 수 있듯이, 몇 개의 작은 천체가 어떤 질량이 큰 천체를 중심으로 회전할 경우 중심에 가까운 천체일수록 회전주기가 빠르다.

팽이나 금속 원반처럼 분자 밀도가 높은 회전체라면 중심부나 가장자리 부분이나 같은 속도로 회전하지만, 기체나 액체 같은 밀도가 낮은 물체가 회전할 경우는 보통 회전의 중심에 가까울수록 회전주기가 빠르다. 그런데 은하나 은하단은 팽이나 금속 원반처럼 안팎 모두 같은 회전주기로 회전하고 있다는 것이다.

만약 그렇다면, 이론상으로 은하나 은하단은 현재 알려져 있는 질량

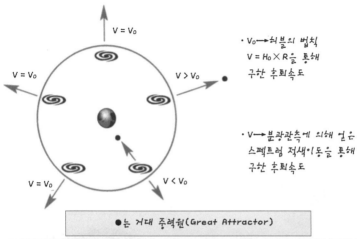

$V = V_0$

$V = V_0$

$V = V_0$

$V > V_0$

$V = V_0$

$V < V_0$

· $V_0 \longrightarrow$ 허블의 법칙
  $V = H_0 \times R$을 통해
  구한 후퇴속도

· $V \longrightarrow$ 분광관측에 의해 얻은
  스펙트럼 적색이동을 통해
  구한 후퇴속도

●는 거대 중력원(Great Attractor)

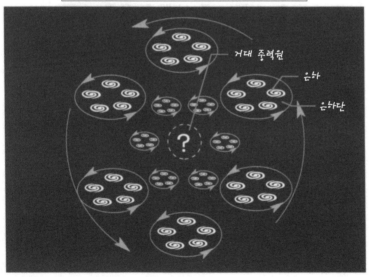

거대 중력원

은하

은하단

?

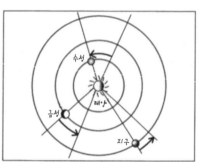

중심에 가까운 천체일수록 회전속도가 빠른 것이 보통이다

밀도가 높은 물질(금속 원판 따위)로 이루어진 회전체는 안팎의 회전속도가 일정하다

은하의 경우도 중심에 가까운 천체일수록 회전속도가 빨라야 하는데, 어느 천체나 회전속도가 같은 것이 현실이다

"그렇다면 은하의 밀도는 현재 알려져 있는 것보다 훨씬 커야 한다 그렇다면 무엇인지 알지 못하는 물질이 대량으로 존재할 것이다!"

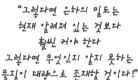

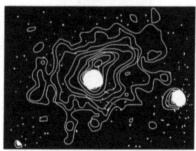

암흑물질의 존재를 암시하는 은하의 X선 헤일로

보다 10배 이상의 질량이 필요하다. 즉 별 사이를 메우고 있는 미지의 암흑물질이 대량으로 존재한다고 상정해야 한다. 은하나 은하단은 X선을 방사하는 가스 같은 물질인 헤일로(halo)로 둘러싸여 있다는 사실이 최근 들어 알려졌지만, 아직 자세한 것은 밝혀지지 않았다.

현재 알고 있는 우주의 질량과 평균 밀도를 바탕으로 일반상대성이론의 중력장 방정식을 풀면, 그 해가 나타내는 우주와 현재의 우주가 극단적으로 다르다는 모순에 직면한다. 그 사실 또한 암흑물질의 존재를 암시하는 것이므로, 암흑물질의 정체를 빨리 밝혀내야 한다.

은하 헤일로 galactic halo

우리은하와 같은 나선은하를 둘러싸며 엷게 흩어져 있는 별, 구상성단, 희박한 가스 등으로 된 구형(球形)에 가까운 영역. 우리은하의 구형의 헤일로는 반지름이 약 5만 광년(약 5×10^{17}km) 정도로 추정되며, 이곳의 가스는 21cm 파장의 전파방출원이다.

빅뱅은 입증되었지만
여전히 남아 있는 3가지 문제

별이나 은하의 스펙트럼 적색이동, 3K 우주배경복사의 발견과 확인, 별의 활동으로 생성된 양을 훨씬 뛰어넘는 대량의 헬륨이 존재한다는 점. 빅뱅과 그에 따른 우주의 팽창이 있었다는 사실은 이 3가지 증거를 통해 움직일 수 없는 사실이 되었다. 하지만 그와 함께 미해결 문제가 새로이 등장하게 되었다. 더구나 우주에 거품 모양으로 생긴 대규모의 계층구조가 존재한다는 사실이나, 거대한 중력원과 암흑물질 등이 존재한다는 사실은 예상 밖의 난제를 던졌다. 이러한 난제 가운데 특히 중요한 것은 다음의 3가지였다.

첫째, 빅뱅 이론이 옳다면 원시우주는 체적이 무한히 0에 가까움에도 불구하고, 그 에너지 밀도와 온도는 무한대여야 한다. 하지만 그러한 생태가 어떻게 생겨났는지 설명할 수 없다.

둘째, 균질하고 한결같은 팽창을 전제로 하는 빅뱅이론으로는 은하나 은하단, 더 나아가 우주에 존재하는 거품 모양으로 생긴 대규모의 계층구조가 생성된 과정을 설명하기 어렵다.

셋째, 우주가 열려 있는지 닫혀 있는지, 즉 우주가 이대로 팽창을 계속할 것인지 아니면 어딘가에서 수축으로 돌아설 것인지를 판정하려면 중력장 방정식을 풀어야 한다. 그런데 그 때 필요한 우주의 전체 질량과 정확한 평균 밀도를 어떻게 구할 수 있을까? 이러한 난제에 대한 해답을 얻기 위해서는 발상의 일대전환이 필요했다. 그리고 그것을 위한 중요한 역할을 담당하고 있는 것이 초마이크로 세계를 다루는 양자론 연구였다.

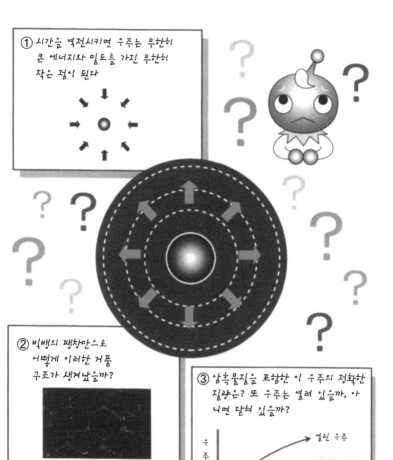

① 시간을 역전시키면 우주는 무한히 큰 에너지와 밀도를 가진 무한히 작은 점이 된다

② 빅뱅의 팽창만으로 어떻게 이러한 거품 구조가 생겨났을까?

③ 암흑물질을 포함한 이 우주의 정확한 질량은? 또 우주는 열려 있을까, 아니면 닫혀 있을까?

우주의 크기

열린 우주

평탄한 우주

닫힌 우주

시간

허블과 우주망원경

미국은 우주의 팽창을 발견한 허블의 업적을 기려 1990년에 쏘아 올린 천체 관측 위성에 '허블 우주망원경'이란 이름을 붙였다. 허블의 업적과 이 천체 관측 위성은 직접적인 관계는 없다. 미국의 기대와는 달리 이 우주망원경은 렌즈의 연마에 문제가 있어 초점이 맞지 않았다. 그래서 1993년, 우주비행사가 스페이스 셔틀을 타고 허블 우주망원경에 접근해 그것을 수리했다. 근시안인 허블 망원경에게 특별 교정용 콘택트렌즈를 끼워 별이 잘 보이도록 한 조처였다.

제3장

매크로 세계에서 마이크로 세계로

플랑크
양자가설 – 주파수에 비례하는 불연속적 에너지

독일의 물리학자 막스 플랑크는 20세기 초에 '빛은 주파수가 매우 높은 전자파이고, 고주파 전자파는 입자처럼 보인다'는 가설을 주장했다. 요컨대 빛이 파동인지 입자인지 고민할 것이 아니라, 파동의 성질을 가진 에너지 입자가 빛의 진정한 모습이라고 생각해야 한다는 것이다. 주파수가 매우 높아졌을 때 전자파가 불연속적인 에너지 덩어리(에너지 입자)의 성질을 보인다면, 빛 등의 전자파가 진공 속을 이동한다 해도 이상할 것이 없다.

플랑크는 빛의 입자(광양자)가 지닌 에너지 양은 그 주파수를 이용해 $E = h \times v$ (E는 에너지 크기, v는 주파수, h는 플랑크상수)라는 식으로 구할 수 있다고 생각했다. 그럴 경우 빛의 파장을 극단적으로 작게 하면, 빛의 속도는 항상 일정하기 때문에 그 주파수 v는 비정상적으로 커진다. 그러면 그 빛의 에너지 양 E도 엄청나게 커져버린다. 물리적으로 생겨

플랑크 Max (Karl Ernst Ludwig) Planck 1858~1947
양자론을 창시한 독일의 이론물리학자. 1918년 노벨 물리학상을 받았다. 양자론은 원자 및 원자구성입자 세계에서 일어나는 과정을 이해하는 데 혁명을 일으켰는데, 이는 마치 알베르트 아인슈타인의 상대성이론이 시간과 공간을 이해하는 데 혁명을 일으킨 것과 같다. 두 이론은 20세기 물리학의 기초적 이론이 되고 있으며, 인간이 가장 소중히 간직했던 철학적 믿음들 가운데 몇몇을 수정하도록 했고, 현대생활의 모든 측면에 영향을 미치는 산업적·군사적 응용을 가능하게 해주었다.

$$E = h \times v$$

E = 에너지
v = 주파수
h = 플랑크상수(일정한 값)

주파수가 높은 전자파는 입자처럼 보인다

· 주파수가 낮은 파(연속적)

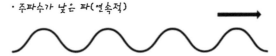

· 주파수가 높은 전자파는 파동의 성질을 지니면서,
  입자처럼 불연속적으로 운동하는 것 같아 보인다

에너지 덩어리(입자)로 보인다

플랑크 식에서 v를 무한히 크게 하면 E도 무한히 커진다

현실적으로 그렇게 큰 에너지를 지닌 빛은 존재하지 않을 것이라 생각되지만,
그것이 존재할 확률이 무한히 0에 가까워도 결코 0은 아니다

주파수(v)는 정수이기 때문에,
플랑크 식에 따르면 에너지 값(E)도 h의 정수배가 되므로
에너지는 불연속적이라는 결론이 나온다

나는 에너지는 한계가 있기 때문에 현실적으로 그렇게 강력한 빛이 존재할 가능성은 거의 없다.

그러나 플랑크는 그러한 초고주파, 고에너지인 빛이 절대로 존재하지 않는다고 단정할 수는 없으며, 그것은 어디까지나 확률의 문제라고 주장했다. 통계적 확률론에 따르면, 그렇게 커다란 에너지를 가하지 않아도 감마선처럼 매우 높은 에너지를 가진 빛이 출현하는 경우가 있다. 그런 일이 일어날 확률은 매우 낮지만(1000조 분의 1), 이 우주에서는 그런 불가능에 가까운 일이 일어날 때도 있다고 그는 생각했다.

플랑크 상수 Planck's constant
기본적인 물리상수(h). 빛의 입자성을 포함한 입자와 파동의 거동을 원자 수준에서 서술하는 양자역학의 수학적인 표현에서 특징적으로 나타난다. 이 상수는 1900년 독일의 물리학자인 막스 플랑크가 흑체, 즉 복사 에너지를 완전하게 흡수하는 물체에서 방출되는 복사의 분포에 관한 정확한 표현을 계산하는 과정에서 도입되었다. 플랑크 상수의 중요성은 빛과 같은 복사가 그 주파수와 플랑크 상수에 의해서 결정되는 불연속적인 에너지의 덩어리, 즉 양자(quanta)의 형태로 방출·전달·흡수된다는 것이다. 플랑크 상수의 차원은 에너지와 시간의 곱으로 작용이라고 불리는 양이다. 따라서 플랑크 상수는 때때로 작용의 기본적인 양자로서 정의된다. 국제 단위계에서 이 값은 $6.6260755 \times 10^{-34}$ J·s이다.

하이젠베르크
양자역학 - 시간과 공간이 분리되지 않은 세계

빅뱅과 팽창설이 우주론의 정설이 된 뒤, 시간의 흐름을 멀리 거슬러 올라가 우주 탄생의 순간이나 탄생 직후의 상태에 대한 연구가 다면적으로 이루어졌다. 현재 우주의 메커니즘을 알고 미래 우주의 모습을 알기 위해서는 반드시 원시우주의 불덩어리에 얽힌 수수께끼를 풀어야 하기 때문이다.

보통의 세계에서 시간의 경과를 나타내기 위해서는 거리나 운동량 따위 공간적 개념을 이용하고, 거꾸로 공간의 크기나 넓이를 기술하기 위해서는 시간 개념을 이용한다. 다시 말해 시간과 공간 개념이 확실히 구별되어 있고, 시간적 · 공간적으로 연속된 확실한 인과관계가 성립한다. 그런데 빅뱅의 원점이 되는 초고온 · 초고밀도이며 무한히 작

하이젠베르크 Werner (Karl) Heisenberg 1901~1976

독일의 물리학자 · 철학자. 양자역학이라는 현대과학을 수립하는 데 공헌했으며 이 양자역학에서 유명한 불확정성 원리가 유래되었다. 제2차 세계대전 이후 독일 카를스루에에 최초의 원자로를 설계했다. 하이젠베르크는 그의 철학적 · 방법론적인 저술을 하는 데 있어 보어와 아인슈타인으로부터 많은 영향을 받았다. 불확정성 원리의 연구와 양자역학 창시의 업적으로 1932년 노벨물리학상을 받았다. 1941년 베를린대학 교수가 되었고, 카이저 빌헬름 연구소장을 겸하였는데, 제2차 세계대전 후 미군에 의하여 한때 영국으로 보내지기도 했다. 1949년 귀국해 괴팅겐의 막스플랑크 연구소로 들어갔고, 후에 소장이 되었다. 세계 각국에서 강의를 한 후 1958년 귀국, 뮌헨대학 교수가 되었다. 후기 연구로는 플라스마물리학 · 열핵반응 등이 있으며, 1953년 비선형이론(非線型理論)은 소립자의 통일이론을 지향하는 야심적인 것으로 주목을 끌었다.

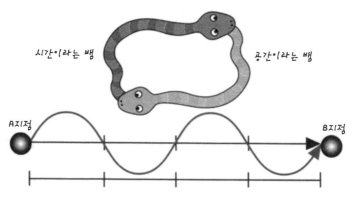

시간이라는 뱀   공간이라는 뱀

A지점   B지점

물체가 A점에서 B점을 향해 운동할 때 그 거리(공간)를 등분하면
하나의 눈금에 대응하는 운동시간(단위시간)이 정해진다
다만 이 운동은 일정한 양태여야 한다(시간은 공간에 의해 결정된다)

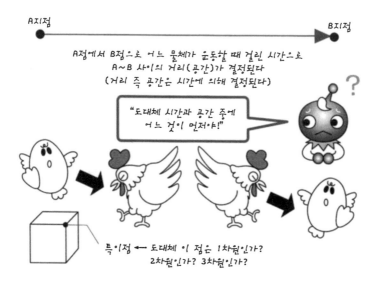

A지점   B지점

A점에서 B점으로 어느 물체가 운동할 때 걸린 시간으로
A~B 사이의 거리(공간)가 결정된다
(거리 즉 공간은 시간에 의해 결정된다)

"도대체 시간과 공간 중에
어느 것이 먼저야!"

특이점 ← 도대체 이 점은 1차원인가?
2차원인가? 3차원인가?

은 세계에서는 사건이 불연속적으로 발생하기 때문에, 시간과 공간이 뒤엉켜 있어 서로를 명확히 정의할 수 없다. 그곳은 인과율이 성립하지 않는 세계이기 때문에 일반상대성이론의 중력장 방정식도 별로 도움이 되지 않는다.

3차원 입방체의 정점은 3개의 평면이 모여 구성되지만, 엄밀히 생각해보면 그곳만은 1차원도 2차원도 3차원도 아닌 특이한 점으로, 길이·면적·체적 따위의 일상적 개념이 통용되지 않는다. 빅뱅의 원점이 되는 시공 4차원의 특이점에도 그것과 닮은 점이 있다. 모든 물질이 그 근본요소인 고에너지 소립자 상태로 분해되어 있고, 통상의 시간이나 공간의 척도가 전혀 통용되지 않는 극히 미세한 원시우주를 탐구하기 위해서는 그러한 세계를 다루는 데 적합한 새로운 물리학이 필요했다. 그것이 바로 양자역학이다.

하이젠베르크
불확정성 원리 – 정확성이 무의미해지는 초마이크로 세계

양자론을 한마디로 말한다면, 극히 미세한 세계에서 성립하는 물리 법칙과 그것에 기초한 양자(소립자처럼 에너지를 가진 불연속 운동체)의 운동을 연구하는 이론이다. 초마이크로 세계를 연구하는 양자론을 지탱하는 것은 특수상대성이론을 기초로 한 시간·공간 개념과 독일의 물리학자 하이젠베르크가 주장한 '불확정성 원리'이다.

'일정한 한계를 넘어선 마이크로 세계에서는 개개의 사건이 발생하는 시각이나 변화하는 양상을 정확하고 연속적으로 정할 수 없으며, 사건 전체를 확률적·통계적으로 취급할 수밖에 없다'는 것이 양자론의 요지이다. 예를 들어 전자 같은 작은 것이 운동하는 양상을 정확히 조사하려고 빛을 비추면, 측정에 사용하는 광자 에너지 자체가 전자의 움직임에 미묘하게 영향을 주기 때문에 그 측정치의 정당성이 사라지는 것이다.

높은 탑에서 휴지 조각을 뿌렸다고 해보자. 풍향이나 탑의 높이 따위의 데이터를 분석하여 확률적으로 대강의 비행경로를 추정할 수 있을지는 모르겠지만, 각각의 휴지조각이 정확히 어떤 경로로 비행할지는 결정할 수 없다. 정확한 비행경로를 계측하기 위해 관측자가 가까이 다가간다 하더라도, 다가가는 행위로 인해 낙하비행 중인 휴지조각의 주변 기류가 미묘하게 흔들려 비행경로가 바뀌어버린다. 요컨대 비행경로는 관측자와의 상호관계에 따라 결정되기 때문에, '올바른 비행경로' 란 원래부터 존재하지 않는 것이다. 불확정성 원리를 비유적으로 말한다면 대략 이런 내용이 될 것이다.

높은 철탑에서 휴지조각을 떨어뜨리면 날아가는 방향은 대개 짐작할 수 있다. 그러나 올바른 낙하위치를 조사할 셈으로 관측자가 다가가면, 그 영향으로 휴지조각의 비행경로가 바뀌어 버린다. 그렇다고 해서 접근하지 않으면 올바른 비행경로나 낙하위치를 조사할 수 없다.

휴지조각의 올바른 비행경로가 원래부터 존재하는 것이 아니라, 관측자와의 관계 안에서 그때마다 비행경로가 결정된다. 그렇기 때문에 휴지조각의 비행경로는 확률적으로 나타낼 수밖에 없다. 절대 불변하는 비행경로 따위는 애초부터 존재하지 않는 것이다.

슈뢰딩거
슈뢰딩거의 고양이 – 사건은 관측을 통해 비로소 확정된다

아인슈타인은 일반상대성이론에 기초한 우주모델을 확립하고 우주의 거시적 구조를 해명하는 데 공헌했지만, 원시우주의 근원물질이나 힘의 정체를 밝히려는 양자론적 우주상을 줄곧 거부했다. 광양자에 의한 광전효과 연구로 노벨상을 수상했고, 또한 그의 특수상대성이론이 양자론 발전의 기초를 이루었음에도 불구하고, 아인슈타인이 양자론적 우주상을 인정하지 않았다는 사실은 그가 그린 세계의 모습이 그만큼 기이했음을 말해준다.

'슈뢰딩거의 고양이'라는 유명한 사고 실험은 양자론의 사고방식을 비유적으로 서술한 것으로 유명하다. 그 사고 실험의 대략적인 내용은 다음과 같다.

바깥에서는 보이지 않는 상자 안에 고양이가 한 마리 들어 있고, 청산가스가 발생하면 고양이는 죽게끔 되어 있다. 청산가스 발생 장치는

슈뢰딩거 Erwin Schrödinger 1887~1961

오스트리아의 이론물리학자. 빈 출생. 파동역학의 창시자. 화학을 공부한 후 식물학을 연구, 식물의 계통발생 논문을 발표했고, 그 밖에도 고대문법이나 독일시의 감상에도 재능을 보였다. 빈대학교에서 수학 중에 연속체의 고유값 문제를 연구했는데, 이것은 그 뒤의 연구에 큰 영향을 주었다. 드브로이가 제출한 물질파의 개념을 받아들여 미시 세계에서는 고전역학이 파동역학으로 옮겨간다는 생각을 기초방정식으로서의 슈뢰딩거의 파동방정식에 집약했다. '원자이론의 새로운 형식의 발견'으로 디랙과 함께 1933년 노벨물리학상을 수상했다. 『생명이란 무엇인가?』 『자연과 그리스인』 『나의 세계관』 등 다양한 분야의 저서가 있다.

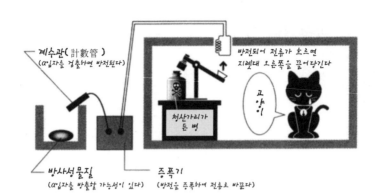

계수관(計數管)
(α입자를 검출하면 방전된다)

방전되어 전류가 흐르면
지렛대 오른쪽을 끌어당긴다

고양이

청산가리가
든 병

방사성 물질
(α입자를 방출할 가능성이 있다)

증폭기
(방전을 증폭하여 전류로 바꾼다)

방사성 물질이 α입자를 방출할 가능성은 50%이다

만약 α입자가 나오면

병이 깨져
고양이가 죽는다

만약 α입자가 나오지 않으면

병은 깨지지 않고
고양이는 살아 있다

α선은 사람의 눈에는 보이지 않는다

190

방사성 원소가 방출하는 α입자(헬륨의 원자핵)를 검지기가 감지하면 작동한다. 지금 일정 시간 안에 α입자가 나올 확률은 1/2이라고 해보자. 일정 시간이 경과한 후 상자 안의 고양이는 살아 있거나 죽어 있을 텐데, 실험자는 실제로 상자를 열어보지 않는 한 고양이의 생사를 확률적으로밖에 알 수 없다. 상자가 닫혀 있는 동안에는 '고양이는 1/2의 확률로 살아 있거나 1/2의 확률로 죽어 있다'고 기술할 수밖에 없다. 고양이의 생사는 실험자가 상자를 연 시점에서야 비로소 확정된다.

이 이야기는, 양자론의 세계에서는 소립자의 관측이 결과(확정사실)를 낳으며, 관측하기 전에 개별 입자를 정해진 위치에서 운동하는 실체로서 생각하는 것은 무의미함을 보여준다.

슈뢰딩거

슈뢰딩거 방정식 – 양자론의 세계에 절대는 없다

플랑크의 이론에 따르면, 빅뱅 초기에 상상을 초월하는 초고주파, 고에너지인 빛이 존재했었다고 생각해도 아무런 무리가 없다. 플랑크 이론은 하이젠베르크의 불확정성 이론을 통해 확증을 얻고, 슈뢰딩거가 도입한 미분방정식을 통해 큰 발전을 이루었다.

슈뢰딩거 방정식은 '물질파의 존재 확률', 즉 전자 등의 물질 입자가 어떠한 양태 변화를 거쳐 파동으로 전파되는가를 확률적으로 기술한 것이다. 이 방정식은 '일정한 조건 하에서 일어나는 사건은 그 조건이 완전히 충족되면 반드시 일어난다'는 종래의 물리학 상식을 부정하고, '일정한 조건 하에서 사건이 일어날지 어떨지는 확률적으로 기술할 수밖에 없다'는 사실을 밝힌 것이다.

양자론의 입장에서 본다면, 절대로 가능하지 않다고 생각한 일이 어느 날 갑자기 일어난다 해도 이상할 것이 없다. 적어도 그 가능성을 전면적으로 부정할 수는 없다.

예컨대 어떤 사람이 손으로 두꺼운 철벽을 계속 두드리고 있다고 하자. 갑자기 그 사람의 손이 벽을 뚫어버리는 일 따위는 절대로 일어나지 않는다고 장담할 수는 없는 것이다. 그 확률이 한없이 0에 가까울 따름이다. 실제로 소립자의 세계에서는, 에너지가 낮은 입자(인간의 손에 해당)가 고에너지 입자가 밀집한 벽(두꺼운 철벽에 해당)을 뚫어버리

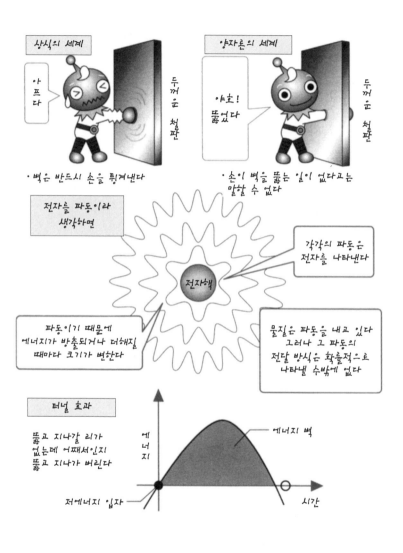

는 현상이 슈뢰딩거 방정식에서 얻은 확률과 같은 확률로 일어난다는 사실이 확인되었다. 이 기묘한 현상을 '터널 효과'라 부른다. 비렌킨과 호킹은 이 '터널 효과'를 이용해 빅뱅의 근원이 되는 초마이크로 원시우주의 탄생을 설명하고 있다.

겔만
쿼크 1 - 세상을 구성하는 기본 입자

1963년, 머레이 겔만 연구팀은 양자와 중성자가 쿼크라는 보다 작은 기본 단위에서 생겼다는 쿼크 모델을 주장했다. 그 주장의 정당성을 검증하려는 양자론 연구, 그 중에서도 소립자 물리에 대한 연구가 활발해졌다.

소립자 연구에는 각종 소립자를 인공적으로 고에너지 상태까지 가속하는 사이클로트론(cyclotron, 고에너지 입자가속기)이 쓰인다. 전자나 양자를 비롯한 각종 소립자를 사이클로트론에서 가속해 서로 충돌·분열시켜, 그들 소립자를 구성하는 보다 작은 소립자의 비행 흔적을 검출하고, 더 나아가 그 성질을 통계역학(일종의 확률론)에 기초해 검증하는 작업이 끊임없이 되풀이되었다.

겔만 Murray Gell-Mann 1929~
미국의 물리학자. 뉴욕에서 태어났다. 예일대학교를 졸업하고, 프린스턴대학교 고등과학연구소원으로 있다가(1951), 1956년 캘리포니아공과대학 교수가 되었다. K중간자의 붕괴가 기묘한 점을 연구하여 1953년 소립자가 갖는 스트레인지니스(strangeness)라는 양자수(量子數)를 도입했으며, 상호작용의 전후에서 이 양자수의 선택규칙을 발견했다. 1961년 많은 소립자들을, 8개씩의 조(組)로 나눌 수 있다는 팔중도모형(eightfold way model)을 발표했고, 그후 이 설에 따라서 예언한 크사이입자·오메가마이너스입자 등 미지의 소립자가 발견되었다. 또한 1964년 소립자는 쿼크라는 전하가 전자의 1/3 또는 2/3인 입자로 구성된다는 이론을 발표했다. 그 외에도 장(場)의 양자론, 약한 상호작용의 해명(파인만-겔만의 이론) 등 여러 업적으로 1969년 노벨물리학상을 수상했다.

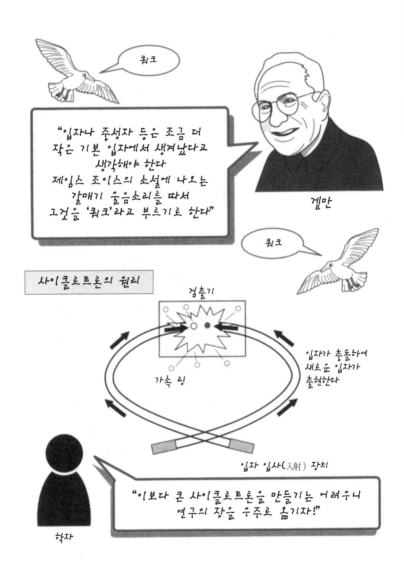

쿼크

"입자나 중성자 등은 조금 더
작은 기본 입자에서 생겨났다고
생각해야 한다
제임스 조이스의 소설에 나오는
갈매기 울음소리를 따서
그것을 '쿼크'라고 부르기로 한다"

겔만

쿼크

사이클로트론의 원리

검출기

가속 링

입자가 충돌하여
새로운 입자가
출현한다

입자 입사(入射) 장치

"이보다 큰 사이클로트론을 만들기는 어려우니
연구의 장을 우주로 옮기자!"

학자

하지만 쿼크, 쿼크를 서로 연결하는 더욱 미세한 위크 보손 등의 게이지 입자, 뉴트리노(중성미자) 같은 특수 입자를 상세히 연구하기 위해서는, 무엇보다도 방대한 에너지를 지닌 사이클로트론을 건설할 필요가 있었다. 하지만 거대 사이클로트론을 건설하는 데에는 기술적·경제적 한계가 있고, 얻을 수 있는 에너지에도 한계가 있다. 그리하여 소립자 물리를 비롯한 양자론 연구는 필연적으로 우주를 향하게 되었으니, 우주에서는 도처에서 초고에너지 반응이 일어나고 있으며 사이클로트론에서 얻을 수 없는 고에너지 입자가 날아다니기 때문이다. 물론 사이클로트론의 능력을 극대화하려는 연구도 계속되었다.

그리고 그 결과, 고에너지 입자로 가득 찬 초기 우주의 양상과 그곳에 존재하는 각종 입자들의 상식을 뛰어넘는 특이한 양태가 조금씩 밝혀졌다.

겔만
쿼크 2 – 핵자의 근원 쿼크와 글루온

소립자 물리학의 연구가 진행되면서, 핵자, 즉 원자핵의 주요 구성 요소인 양자나 중성자는 겔만의 예상대로 기본입자인 쿼크 3개가 서로 결합해 구성된다는 사실이 밝혀졌다.

6종류로 알려진 쿼크의 크기는 각각 다르고, 그 정확한 크기는 아직 결정되지 않았지만 1000조 분의 1mm보다는 작다고 한다. 지구의 평균 반경은 대략 6400km, 즉 640만m인 데 비해, 쿼크의 반경은 0.00000000000000001m 이하이다. 놀랄 만큼 작다는 말 이외에는 할 말이 없다.

마이너스 전하를 지닌 전자와 대를 이루어 플러스 전하를 지닌 양전자가 존재하는 것처럼, 쿼크에도 그것과 대를 이루는 반쿼크가 존재한다는 사실이 알려졌다. 그리고 양자나 중성자를 구성하는 3개의 쿼크를 연결하는 글루온이라는 보다 작은 입자가 존재한다는 사실도 확실해졌다. 글루온은 게이지 입자라고 하는 특수한 소립자 1개인데, 핵력이라 부르는 강력한 힘을 만들어내는 기능이 있다.

현재까지 발견되거나 그 존재가 확실시되는 소립자는 크게 쿼크, 하드론(hadron, 강입자), 렙톤(lepton, 경입자), 게이지 입자 4종류로 나뉜다. 하드론류는 쿼크로 구성된 소립자로, 4종류 가운데 질량이 가장 크다. 하드론의 종류는 2가지로 메존(meson)과 바리온(baryon)이 있는데, 쿼

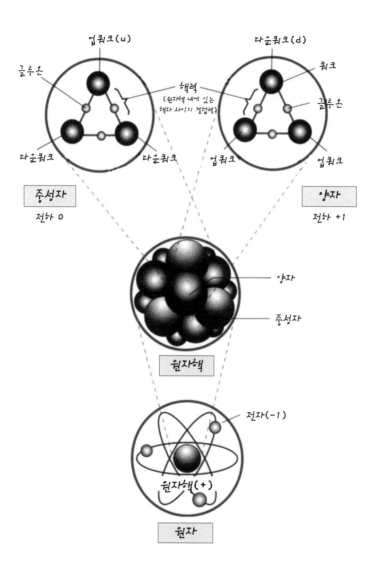

업쿼크(u)

다운쿼크(d)

글루온

쿼크

핵력
(원자핵 내에 있는
핵자 사이의 결합력)

글루온

다운쿼크

다운쿼크

업쿼크

업쿼크

중성자

양자

전하 0

전하 +1

양자

중성자

원자핵

전자(-1)

원자핵(+)

원자

크 3개가 결합해 생긴 중입자(重粒子)가 바리온(양자, 중성자, λ입자 등)이고 쿼크와 반쿼크가 결합해 생긴 것이 메존(π중간자, K중간자, B중간자 등)이다.

켄들

양자색역학 – 쿼크에도 세대와 색깔이 있다

6종의 쿼크는 제1세대 u(up, 전하 +2/3)와 d(down, 전하 −1/3), 제2세대 c(charm, 전하 +2/3)와 s(strange, 전하 −1/3), 제3세대 t(top, 전하 +2/3)와 b(bottom, 전하 −1/3)로 분류된다.

쿼크는 소립자를 충돌시켜 만드는데, 제1세대, 제2세대, 제3세대로 세대가 올라갈 때마다 그 세대의 쿼크를 만들어내는 데 보다 높은 에너지가 필요하기 때문에 이런 분류가 생겼다. 이것을 다른 각도에서 본다면, 제1세대 쿼크가 가장 안정된 상태이고, 세대가 올라갈수록 쿼크의 안정성이 낮아진다는 말이 된다.

참고로 말하자면, 양자는 u쿼크 2개와 d쿼크 1개(uud, 전하 +1), 중성자는 u쿼크 1개와 d쿼크 2개(udd, 전하 0)가 결합해 생긴다.

켄들 Henry Way Kendall 1926~1999

미국의 핵물리학자. 쿼크라고 불리는 원자구성입자의 존재를 확인하는 실험으로, 제롬 아이작 프리드먼, 리처드 E. 테일러와 함께 1990년도 노벨 물리학상을 수상했다. 쿼크의 존재는 1964년 머레이 겔만과 게오르크 츠바이크가 가정한 바 있었다. 1961년도 노벨상 수상자인 로버트 호프스태터의 지도 아래 스탠퍼드대학교의 연구진에 합류한 그는 프리드먼과 테일러를 알게 되었고, 이후 3명은 공동 연구를 시작했다. 그들의 실험은 원자구성입자의 구조와 관련해 당시 주류를 이루고 있던 이론과 모순되는 것으로, 폭넓은 이론 및 실험 연구를 촉진시켜 쿼크 모델을 낳았고, 그 결과 1973년 쿼크, 하드론 및 그것들의 상호작용을 연구하는 양자색역학이 개발되었다. 양자색역학은 전기약력이론(electroweak theory)과 더불어 입자물리학의 표준 모델을 만드는 데 큰 역할을 했다. 1981년 미국 물리학회의 레오 실라드 상, 1982년 버트런드 러셀 협회 상, 1989년 파노프스키상 등을 받았다.

	제1세대	제2세대	제3세대
쿼 크	u(up) (전하 $+\frac{2}{3}$) 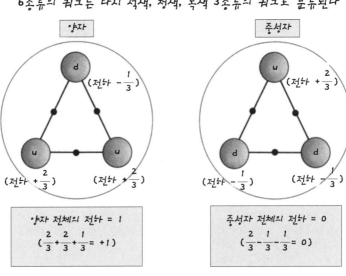	c(charm) (전하 $+\frac{2}{3}$)	t(top) (전하 $+\frac{2}{3}$)
	d(down) (전하 $-\frac{1}{3}$)	s(strange) (전하 $-\frac{1}{3}$)	b(bottom) (전하 $-\frac{1}{3}$)

6종류의 쿼크는 다시 적색, 청색, 녹색 3종류의 쿼크로 분류된다

양자

중성자

양자 전체의 전하 = 1
$$(\frac{2}{3}+\frac{2}{3}+\frac{1}{3}= +1)$$

중성자 전체의 전하 = 0
$$(\frac{2}{3}-\frac{1}{3}-\frac{1}{3}= 0)$$

또한 u, d, c, s, t, b 쿼크는 각각 성질에 따라 적색, 청색, 녹색 3종류의 쿼크로 분류된다. 실제로 쿼크에 색깔이 있는 것은 아니지만, 빛의 3원색을 본떠 그렇게 분류해두는 것이다. 그러면 3색의 빛을 섞어 여러 가지 다른 색깔의 빛을 만들어내는 것과 마찬가지로, 3색의 쿼크를 조합하면서 각종 하드론 연구를 진행할 수 있다. 그렇기 때문에 이 연구를 '양자색역학(Quantum Chromodynamics/QCD)'이라 부르기도 한다. 글루온 입자를 매개로 색이 같은 쿼크는 강한 힘으로 반발하고, 색이 다른 쿼크는 강한 힘으로 끌어당긴다는 사실을 알게 되었고, 그 현상을 '색의 법칙'이라 부른다.

라인스
뉴트리노 – 우주를 구성하는 또 다른 기본 입자

쿼크와 비슷한 시기에 발견된 경입자 렙톤도 역시 3세대 6종류로 분류된다. 그렇게 나누어 생각하면, 다양한 소립자의 반응을 잘 설명할 수 있기 때문이다.

· 제1세대   전자(전하 -1), 전자 뉴트리노(전하 0)
· 제2세대   뮤 입자(전하 -1), 뮤 뉴트리노(전하 0)
· 제3세대   타우 입자(전하 -1)와 타우 뉴트리노(전하 0)

어떤 원자핵 속의 중성자가 전자를 1개 방출하여 양자가 되고, 그 결과 원래의 원자핵이 원자 번호가 1만큼 큰 새로운 원자핵으로 변했을 때 그것을 '베타 붕괴'라고 한다.

베타 붕괴가 일어나고 나면, 붕괴 후에 생긴 원자핵의 에너지양과 방

라인스 Frederik Reines 1918~

미국의 물리학자. 우주의 모든 물질을 구성하는 기본적인 원자구성입자 중 하나인 뉴트리노(중성미자)를 입증한 공로로 타우 경입자를 발견한 펄과 함께 1995년 노벨 물리학상을 공동 수상했다. 라인스는 1944년 뉴욕대학교에서 박사학위를 받았으며, 1950년대에 클라이드 코완 2세와 함께 뉴멕시코 주의 로스앨러모스국립연구소에서 중성미자의 존재를 입증하기 위해 연구했다. 그들이 중성미자를 잡아내기 위해 만든 검출기는 1980년대와 1990년대에 태양이나 다른 별들에서 방사되는 중성미자를 잡아보려는 목적에서 만든 거대한 검출기의 효시이기도 했다.

	제1세대	제2세대	제3세대
렙톤	전자 (전하 -1) ⊙ 전자 뉴트리노 (전하 0) ·	뮤 입자 (전하 -1) ⊙ 뮤 뉴트리노 (전하 0) ·	타우 입자 (전하 -1) ⊙ 타우 뉴트리노 (전하 0) ·

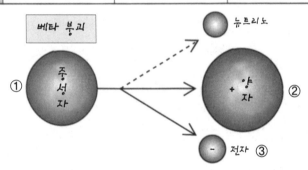

(①의 에너지) ＝ (②의 에너지) + (③의 에너지)여야
하기 때문에, 실제로는 ① > ② + ③이 된다
따라서 과학자들은 베타 붕괴가 일어날 때 아직 발견되지
않은 입자가 생겨난다고 추정했고, 그 가상의 입자를
뉴트리노라고 불렀다
그 존재는 1954년에 확인되었다

출된 전자의 에너지양을 더해도 원래의 원자핵 에너지양을 채우지 못한다는 사실은 이전부터 알려져 있었다. 다만 그것이 전부라면 에너지 보존 법칙이 성립되지 않기 때문에, 과학자들은 베타 붕괴가 일어날 때 전자 외에 극히 가벼운 입자가 방출될 것이라고 생각해왔다. 그래서 아직 발견되지 않은 그 입자를 뉴트리노(중성미자)라고 부르고, 전기적으로 중성(전하 0)이며 질량은 한없이 0에 가깝다고 추정했다. 실험적으로 그 존재가 확인된 것은 1954년이고, 현재 3종류의 뉴트리노가 존재한다는 사실이 확인되었다.

전하 0인 뉴트리노는 다른 물질과 거의 반응하지 않고 지구를 관통할 수 있기 때문에, 매우 관측하기 어렵다. 일본의 기후현 가미오카 광산 지하에 이 뉴트리노를 관측할 수 있는 최첨단 시설, 가미오칸데와 슈퍼 가미오칸데가 설치되어 있다.

펄 Martin L. Perl 1927~
미국의 물리학자. 우주의 모든 물질을 구성하는 기본적인 원자구성입자 중 하나인 타우 경입자를 발견한 공로로 중성미자를 입증한 라인스와 함께 1995년 노벨 물리학상을 공동 수상했다. 펄은 1955년 컬럼비아대학교에서 핵물리학 박사학위를 받았으며 1955~1963년 미시간대학교에서 조교수를 지냈다. 1963년 스탠퍼드대학교로 자리를 옮겨 본격적으로 연구를 했다. 펄과 그의 동료들은 1970년대에 스탠퍼드 선형가속기 센터에서 타우 경입자를 발견해냈다.

게이지 입자

게이지 입자는 물질이나 그 구성 입자 사이에 작용하는 힘을 전달(매개)하는 소립자로 다음의 4가지로 분류된다.

① 그라비톤(graviton, 중력자)

중력을 매개한다고 생각되는 미발견 소립자. 이 그라비톤이 물체 사이를 오감으로써 중력이 생긴다고 여겨진다. 다만 중력파 자체가 아직 검출되지 않았기 때문에, 그 실태는 아직 알 수 없다.

② 포톤(photon, 광양자)

예를 들면 플러스 전하를 지닌 양자와 마이너스 전하를 지닌 전자 사이에는 전자기력이 작용한다. 전하를 지닌 물질이나 입자 사이를 오가면서 전자기력을 낳는 것이 이 포톤이다.

③ 글루온(gluon)

양자, 중성자, λ입자 등 하드론 입자는 쿼크로 구성되어 있다. 그 구성 입자인 쿼크를 강하게 연결시키는 것이 글루온이다. 쿼크 사이에 작용하는 이 강력한 결합력을 핵력이라 부르며, 이 힘이 한꺼번에 개방될 때 발생하는 방대한 에너지가 핵에너지이다.

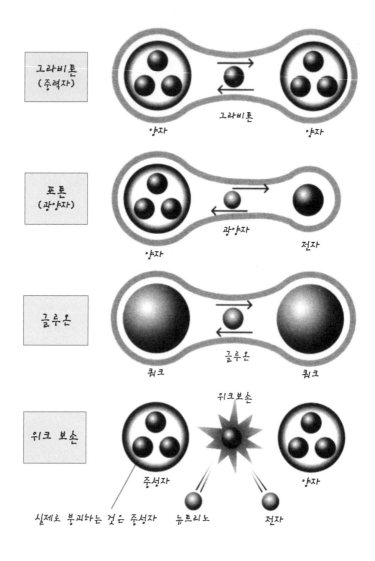

그라비톤
(중력자)

양자　　　그라비톤　　　양자

포톤
(광양자)

양자　　　광양자　　　전자

글루온

쿼크　　　글루온　　　쿼크

위크 보손

위크보손

중성자　　　양자

실제로 붕괴하는 것은 중성자　　　뉴트리노　　　전자

④ 위크 보손(weak boson)

이 소립자에는 W플러스, W마이너스, Z의 3종류가 있고, 그 질량은 양자의 100배, 전자의 10만 배이다. 중성자가 베타 붕괴를 일으키고, 전자와 뉴트리노를 방출해 양자로 변하는 것은 이 소립자의 작용으로 일어난다. 위크 보손이 생성되려면 1000조 도의 온도가 필요하고, 그것은 현재 세계 최대 가속기에서 만들어낼 수 있는 에너지 온도의 상한선에 해당한다.

소립자의 분류

양자역학을 기초로 한 소립자 물리의 연구를 통해, 소립자의 존재가 하드론, 쿼크, 렙톤, 게이지 입자 등 네 종류라는 사실이 드러나게 된 과정을 서술해 왔지만, 현재 우리가 살고 있는 우주 안에 그것들 모두가 안정된 상태로 존재하고 있는 것은 아니다. 우주 속에서 안정된 상태로 존재할 수 있는 것은 쿼크 제1세대인 업 쿼크와 다운 쿼크, 그리고 렙톤족 전자와 뉴트리노뿐이다. 다른 입자는 나타난다 하더라도 순식간에 붕괴되어 안정된 입자로 변해버린다. 그러므로 현재 우리가 눈으로 보는 우주 속의 물질 대부분은 업 쿼크, 다운 쿼크, 전자, 뉴트리노 이 4가지 소립자를 중심으로 구성된다.

다만 안정되어 있는 업 쿼크나 다운 쿼크도 그것만 따로 핵자(양자나 중성자) 속에서 직접 뽑아낼 수 있는 것은 아니다. 현실적으로 쿼크는 서로 단단히 결합되어 핵자 속에 반영구적으로 박혀 있는 상태다. 예를 들어 말하자면, 사방이 아주 두꺼운 철벽으로 둘러싸여 탈출이 불가능한 감옥 안에서 어쩔 수 없이 탈옥을 포기하고 수인 생활을 견디고 있는 존재가 업 쿼크와 다운 쿼크의 모습이다.

단명한 소립자를 포함한 모든 소립자의 진정한 모습을 알아내려면, 초고에너지 상태를 인공적으로 만들어낼 수 있는 사이클로트론이 필요하다. 다시 말해 우주 탄생의 비밀에 다가갈 열쇠는 양자론의 발전, 그중에서도 초고온·초고에너지 상태에서 소립자가 어떤 양태로 존재하는지를 해명하는 데 달려 있는 것이다.

	제1세대	제2세대	제3세대
쿼크	up (전하 $+\frac{2}{3}$) (장기간 안정)	charm (전하 $+\frac{2}{3}$) (장기간 안정)	top (전하 $+\frac{2}{3}$)
	down (전하 $-\frac{1}{3}$) (장기간 안정)	strange (전하 $-\frac{1}{3}$)	bottom (전하 $-\frac{1}{3}$)
렙톤	전자 (전하 −1) (장기간 안정)	뮤 입자 (전하 −1)	타우 입자 (전하 −1)
	전자 뉴트리노 (전하 0) (장기간 안정)	뉴트리노 (전하 0) (장기간 안정)	타우 뉴트리노 (전하 0) (장기간 안정)
게이지입자	포톤(광양자) (전자기력의 매개)	글루온 (강한 상호작용을 매개)	위크 보손 (W, Z 입자) (약한 상호관계를 매개)
		그라비톤(중력자) (중력을 매개)	

우주에 존재하는 4가지 힘

① 중력

혹성, 항성, 은하, 은하단에 이르기까지 우주에 존재하는 모든 물질 사이에 작용하는 힘. 강도는 거리의 제곱에 반비례하고, 이론적으로는 무한히 멀리까지 미친다. 중력을 전달·매개하는 미발견 소립자를 그라비톤(중력자)이라 한다.

② 전자기력

전하를 띤 입자나 물질 사이에 작용하는 힘. 원자핵과 전자를 묶어 원자를 구성하는 힘, 자석의 양극 사이에 작용하는 힘, 정전기력 등이 있으며 강도는 거리의 제곱에 반비례한다. 이 힘을 매개하는 것은 포톤(광양자)이다

③ 강력

3종의 쿼크를 결합해 양자나 중성자를 구성하거나, 양자나 중성자를 결합해 원자핵을 구성하는 힘. 극도로 짧은 거리(1조 분의 1mm)에서 작용하지만, 그 힘은 크고 강하다. 이 힘을 매개하는 소립자를 글루온이라고 한다.

④ 약력

중성자가 양자로 변하는 과정, 소위 베타 붕괴를 일으키는 힘. 이 약력을 매개하는 소립자는 위크 보손(W입자, Z입자)이다. 힘이 미치는 범위는 100조 분의 1mm 이내이다.

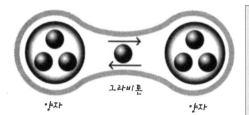

중력

질량을 가진 모든 물질에
작용하는 힘으로, 그 강도는
거리의 제곱에 반비례한다
매개 입자는 그라비톤이다

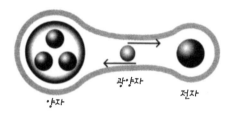

전자력

원자를 결합시켜 분자를
만들거나, 원자핵과 전자를
결합시켜 원자를
만드는 힘이다
매개 입자는 포톤(광양자)

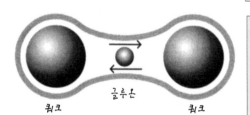

강력

쿼크를 결합시켜 양자나
중성자를 만드는 것이
강력이다
그 강력을 매개하는 것이
글루온 입자이다

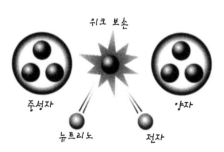

약력

중성자, 원자핵의
베타 붕괴를 일으키는 힘
이 힘을 매개하는 입자를
위크 보손이라 한다

바일
통일장이론 – 우주의 4가지 힘은 본래 하나다

자연계에 4가지 힘이 존재한다는 사실이 밝혀지자, 과학자들은 그것을 일원화할 방안을 탐구하기 시작했다. 물리학은 가능한 적은 원리나 법칙으로 가능한 많은 현상을 설명하려는 경향이 있다.

일반상대성이론이 시간, 공간, 중력이라는 3가지 요소를 통괄하여 보여준 것처럼 하나의 이론으로 다양하고 복잡한 물리 현상을 명확하게 설명할 수 있으면 'elegant'한 이론이라는 평가를 받는다. '아름답고 명쾌한'이라는 의미를 담은 형용사 'elegant'는 수학이나 물리학계에서 최고의 이론에만 붙이는 수식어이다. '아름답고 명쾌한' 이론을 구하는 물리학자들은 당연히 '4가지 힘은 본래 하나이며 그것이 어떤 이유에서인가 4개로 갈라진 것이 아닐까'라고 생각하기 시작했다. 그들

바일 Hermann Weyl 1885~1955
독일 태생 미국의 수학자. 수학에 대한 다방면의 연구로 순수수학을 이론물리, 특히 양자역학과 상대성이론으로 연결짓는 데 공헌했다. 1913년 취리히공과대학 수학교수가 되면서 아인슈타인과 동료가 된 바일의 업적 가운데 현저한 특성은 과거에는 무관했던 주제를 통일하는 그의 능력에 있었다. 「리만 곡면 개념」(1913)에서 그는 함수론과 기하학을 결합시켜 수학의 새 분야를 만들었다. 이리하여 해석학·기하학·위상수학에 대한 현대적인 종합개념이 생겼다. 상대성이론에 관한 강의의 파생물인 그의 「공간·시간·물질」(1918)은 철학에 대한 그의 예리한 관심을 보여주었고 상대성이론에 대한 그의 많은 연구결과들을 포함하고 있다. 또한 그는 전자기장과 중력장이 시공간의 기하학적 성질로 나타나는 최초의 통일장이론을 만들어냈다.

은 4가지 힘의 통일, 소위 '통일장이론'을 구축하는 데 온 힘을 쏟았다.

별개의 것으로 보이는 4가지 힘을 최종적으로 하나의 원리로 통일하여 설명할 수 있다면 더할 나위 없겠지만, 단번에 그곳에 도달하기는 어렵다. 그래서 4개의 힘 중에서 통일하기 쉬운 것만이라도 우선 하나로 통합하는 방향을 모색했다. 실제로 아인슈타인도 일반상대성이론을 완성한 뒤 4개의 힘 가운데 우선 중력과 전자기력을 통일하는 방법을 연구했다. 그 연구는 생각 외로 까다로워 그의 생전에 성공을 보지 못했지만, 후세의 연구자들이 그의 시도와 노력을 다양한 형태로 이어받았다. 그리하여 현실적으로 통일의 돌파구가 열린 것은 1960년대 말에서 1970년대 초 무렵이었다.

와인버그-살람
전약통일이론 – 약력과 전자기력을 통일적으로 기술하다

1967년, 미국의 스티븐 와인버그와 파키스탄의 압두스 살람은 전자기력과 약력을 통일하는 '전약통일이론'을 완성시켜 '와인버그-살람이론'을 발표했다.

소립자 사이에 작용하는 힘은 특수상대성이론을 기초로 한 장이론(물체의 운동을 그 주변 공간의 특성으로 설명하는 이론)의 일종인 '게이지이론'으로 설명한다. 게이지 이론의 원점인 '중간자 이론'을 주장한 것은 일본의 유카와 히데키로, 나중의 양자론 발전에 크게 기여했다.

게이지 이론의 요점은 '전자와 양자, 핵자와 핵자, 혹은 쿼크와 쿼크가 결합하는 것은 캐치볼의 볼처럼 양자를 오가는 매개 입자(게이지 입

와인버그 Steven Weinberg 1933~
미국의 핵물리학자. 1979년 전자기와 약한 상호작용에 대해 기존의 알려진 사실들을 설명하고, 또한 기본입자들을 서로 충돌시키는 새로운 실험들의 결과를 예측 가능하게 하는 이론을 정식화한 공로로 셸던 글래쇼, 압두스 살람과 함께 노벨 물리학상을 받았다. 1982~1983년에는 중요한 일련의 실험들을 통해 이들이 '약전(弱電)' 이론에서 예언했던 W+와 W-, Z0 벡터 보손(boson)에 대한 강력한 증거가 발견되었다.

살람 Abdus Salam 1926~1996
파키스탄의 핵물리학자. 1979년에 스티븐 와인버그 및 셸던 리 글래쇼와 함께 노벨 물리학상을 받았다. 이들은 자연계에 존재하는 기본적인 4가지 힘 가운데 약한 핵력과 전자기력에 내재하는 통일성을 설명하는 이론을 제각기 독자적으로 공식화했다. 제3세계 과학자들의 교육에 관심을 가진 살람은 이탈리아 트리에스테에 개발도상국 출신의 젊은 과학자들을 양성하기 위한 국제이론물리학 센터를 세우는 데 이바지했다.

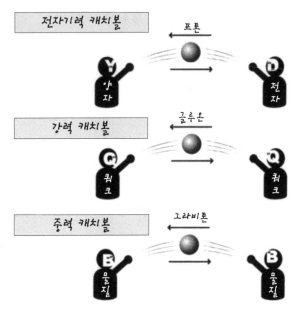

전자기력 캐치볼

포톤

양자 · 전자

강력 캐치볼

글루온

쿼크 · 쿼크

중력 캐치볼

그라비톤

물질 · 물질

약력과 베타 붕괴

위크 보손이 작용하기 시작하여 중성자는 양자, 전자, 뉴트리노로 분해된다

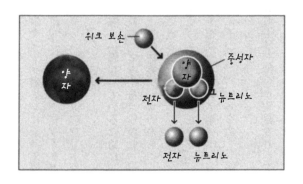

위크 보손

양자

중성자

양자

전자

뉴트리노

전자   뉴트리노

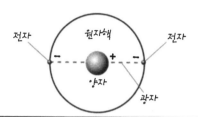

전자   원자핵   전자

양자

광자

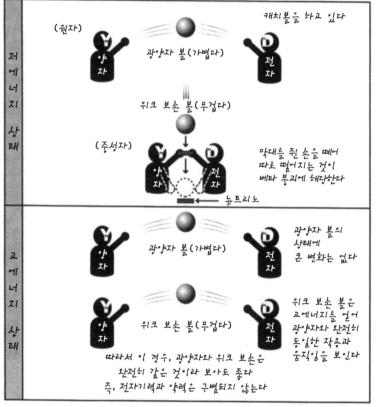

저에너지상태

(원자)

광양자 볼(가볍다)

캐치볼을 하고 있다

위크 보손 볼(무겁다)

(중성자)

막대를 쥔 손을 떼어 따로 떨어지는 것이 베타 붕괴에 해당한다

뉴트리노

고에너지상태

광양자 볼(가볍다)

광양자 볼의 상태에 큰 변화는 없다

위크 보손 볼(무겁다)

위크 보손 볼은 고에너지를 얻어 광양자와 완전히 동일한 작용과 움직임을 보인다

따라서 이 경우, 광양자와 위크 보손은 완전히 같은 것이라 보아도 좋다 즉, 전자기력과 약력은 구별되지 않는다

자)가 양자를 묶는 힘을 낳기 때문'이라는 것이다. 앞서 언급한 포톤(광양자)이나 글루온, 위크 보손 등의 소립자가 바로 그 게이지 입자이다.

와인버그와 살람은 그 게이지 이론을 더욱 발전시키려 했다. 그들은 힘을 매개하는 게이지 입자가 에너지가 작을 때는 다른 물질로 존재하고 다른 양상을 보이지만, 에너지가 높아짐에 따라 같은 성질을 보이게 된다고 생각했다. 다르게 보이는 게이지 입자도 고에너지 상황에서는 개별적인 차이가 없어져 같은 양상을 보이고, 그 결과 힘의 강도나 도달 거리도 같아진다고 추정했다. 평상시에는 제멋대로인 사람들이 비상사태에 직면해서 일치단결하여 행동하는 것과 비슷하다고 할 수 있다.

와인버그와 살람은 약력을 매개하는 것은 전하를 가진 W+와 W-, 전하 0인 Z 등 3종류의 위크 보손이며, 각 위크 보손의 질량은 양자의 100배라고 생각했다. 그리고 상대성이론에서 말하는 것처럼 위크 보손의 질량이 에너지화한 상태에서는 위크 보손이 질량 0인 포톤(광양자)과 완전히 동일하게 움직일 것이라고 예상했다.

저에너지에서는 게이지 입자인 위크 보손과 포톤(광양자)은 성질이 다르기 때문에, 각각의 입자가 매개하는 '약력'과 '전자기력'은 강도와 도달 거리가 달라 보인다. 그러나 고에너지 상태가 되면 위크 보손과 포톤의 구별이 사라지고, 그 결과 2개의 힘이 같은 것, 즉 통일되어 '전약통일력'이 될 것이라 예언했다.

예를 들어, 중성자가 베타 붕괴할 때 그 구성요소인 양자·전자·뉴트리노를 조각내는 힘(약력)과 수소 원자에서 보는 것처럼 플러스 전하인 양자 주위를 마이너스 전하인 전자가 돌 때에 작용하는 힘(전자력)

은 명백히 다르다. 다만 고에너지 상태에서는 그 두 힘이 양자와 전자 사이에서 움직이는 양태가 같아지고, 아무런 차이도 발견할 수 없다는 것이다.

그들의 예언은 1983년 유럽 합동원자핵 연구기구의 가속기에서 W 입자와 Z입자가 발견되어 입증되었다. 그 때의 온도 1000조 K는 직경이 1억 5000만km(현재 지구와 태양 사이의 거리와 거의 같다)였을 무렵의 우주 온도에 가깝다. 그것은 빅뱅 후 불과 100억 분의 1초가 지났을 때의 우주이다.

글래쇼
대통일이론 – 전약통일이론에서 대통일이론으로

전약통일이론이 일단 완성되자, 전자력 · 약력 · 강력 3가지 힘을 통일하려는 움직임이 뒤를 이었다. 그리고 1974년, 글래쇼 연구팀이 전자력 · 약력 · 강력 3가지 힘을 같은 힘의 3가지 측면으로 간주하는 '대통일이론(Grand Unified Theory)'을 발표했다. 이 이론을 줄여서 'GUT'라고 부른다.

전자력 · 약력 · 강력 3가지 힘이 통일되는 단계에서는 당연히 3종류의 게이지 입자(포톤, 위크 보손, 글루온)는 일체화된 상태(X입자 상태)라고 생각된다. 게이지 입자가 하나가 된다는 사실은 쿼크가 전자나 뉴트리노 등 렙톤으로 변화하고, 거꾸로 렙톤이 쿼크로 변화하는 일도 가능하다는 말이 된다. 요컨대 쿼크와 렙톤의 명료한 구별이 사라지는 것이다.

대통일이론은 이제까지 절대안정 상태라 여겼던 양자 같은 소립자

글래쇼 Sheldon Lee Glashow 1932~
미국의 이론물리학자. 1954년 코넬대학교를 졸업하고, 1959년 하버드대학교의 슈윙거 밑에서 학위를 받았다. 스탠퍼드대학교와 캘리포니아대학교를 거쳐 1967년 이래 하버드대학교의 교수로 있다. 1961년 소립자의 통일모형(統一模型)의 기초를 세웠으며, 1970년 참양자수(charm 量子數)의 필요성을 제시한 이론(GIM모형)을 제출했다. 1979년 전자기력과 소립자 간의 약한상호작용과의 통일장이론의 연구 업적으로 미국의 물리학자 와인버그, 파키스탄의 물리학자살람과 공동으로 노벨물리학상을 받았다.

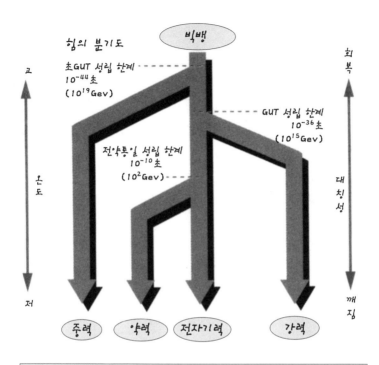

힘의 분기도

빅뱅

회복

고

초GUT 성립 한계
10⁻⁴⁴초
(10¹⁹Gev)

GUT 성립 한계
10⁻³⁶초
(10¹⁵Gev)

온도

전약통일 성립 한계
10⁻¹⁰초
(10²Gev)

대칭성

저

깨짐

중력   약력   전자기력   강력

통일이론에서는 빅뱅 직후에 하나였던 힘이
우주의 팽창에 의해 온도가 내려감에 따라 분화했다고 생각한다
최초에 중력이 분화되고, 다음에 강력이 분화,
최후에 약력과 전자력이 분화했다고 본다
위의 그림은 빅뱅 뒤에 갈라지는 시간과 온도를 나타낸다
(Gev ≒ 기가전자볼트, 10²Gev는 1000조K에 해당)

도 붕괴를 일으키고, 포톤(광양자)이나 뉴트리노, 전자 따위로 변한다고 예언한다. 다만 양자 붕괴가 일어날 확률은, 양자가 1000×1000조×1000조 개 있을 때 연평균 1개가 붕괴할 정도로 낮다고 한다. 대통일이론을 뒷받침하는 양자 붕괴를 점검하기 위해, 일본에서는 기후현 가미오카 광산 지하 갱내에 수천 톤의 물을 저장하고, 그 속에 포함된 수많은 양자에 대해서 실험을 계속하고 있다. 대통일이론은 그밖에 뉴트리노에 질량이 있다는 사실을 예언했는데, 도쿄대학의 고시바 교수가 이끄는 가미오카 연구소에서 그 정당성을 검증했다. 그리고 고시바 교수는 그 업적으로 노벨상을 수상했다.

초끈이론 – 자유자재로 변환하는 끈 모양 소립자

미국의 물리학자 존 슈바르츠는 4가지 힘을 통일하는 선구적 이론인 '초끈이론(superstring theory)'을 주장했다. 논리학파는 초끈이론에 큰 기대를 걸며 반겼으나, 실증주의 학자들은 격렬하게 비판했다. 이 이론의 특징은 중력을 다른 3가지 힘과 마찬가지로 양자로서 일괄적으로 취급한다는 점, 소립자를 점 모양으로 존재하는 것이 아니라 신축이 자유로운 끈 모양으로 파악한다는 점에 있다.

슈바르츠는 이 '끈 모양 소립자'가 본래 10차원 존재이지만, 그 가운데 6차원은 접혀 있어 나머지 4축(시간축과 공간 3축) 위에 겹쳐서 숨어 있기 때문에, 겉보기에는 4차원 같은 모습을 하고 있다고 생각했다. 그리고 접혀서 감추어져 있는 6개의 차원이 4차원 시공에 존재하는 끈 모양 소립자의 특성을 결정한다고 설명했다. 즉 중력자를 포함한 모든 소립자는 통일적 '끈 입자'가 다른 모드를 취하여 출현했다는 것이다. 당연히 4개의 힘도 이 '끈 입자'의 특이한 양태변화에 의해 생성된다

슈바르츠 John Schwarz 1941~

미국의 이론물리학자. 마이클 그린, 레오나드 서스킨드, 에드워드 위튼과 함께 초끈이론의 창시자로 불린다. 하버드대학에서 수학을 전공했으며, 캘리포니아대학에서 이론물리학으로 박사학위를 받았다. 1966년부터 1972년까지 프린스터대학의 조교수를 지냈고, 그후 칼텍으로 옮겨 연구 활동을 계속했다. 국립과학아카데미 멤버인 그는 1989년 국제이론물리학센터로부터 디랙 메달을 받았으며, 2002년 미국물리학회가 수여하는 대니 하이네만상을 받았다.

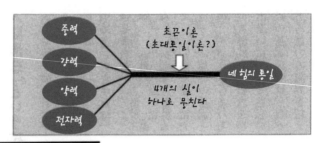

중력
강력
약력
전자력

초끈이론
(초대통일이론?)
↓

네 힘의 통일

4개의 실이
하나로 뭉친다

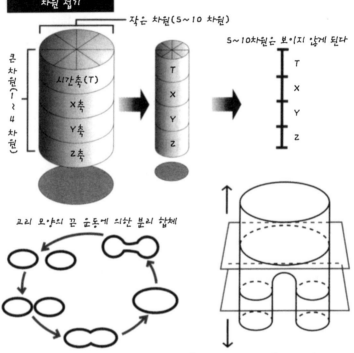

차원 접기

작은 차원(5~10 차원)

큰 차원(1~4 차원)

시간축(T)
X축
Y축
Z축

T
X
Y
Z

5~10차원은 보이지 않게 된다

T
X
Y
Z

고리 모양의 끈 운동에 의한 분리 합체

힘의 상호작용은 끈의 분리 합체에 의해 생긴다

고 생각했다.

이 '끈 입자'는 진동수나 진동의 강약, 회전 운동의 차이에 따라 어느 때는 렙톤류의 전자로, 어느 때는 게이지 입자인 그라비톤(중력자)으로 모습을 바꾼다고 한다. 또한 상호 작용하는 4종류의 힘은 고리를 형성한 끈 입자가 둘로 분리되거나 하나로 합쳐지는 과정을 반복하는 가운데 생겨난다고 한다. 이 이론은 종래의 통일이론이 지닌 난점을 명쾌하게 해소하기 때문에 지지하는 사람이 많지만, 아직 완성되지 않은 이론인데다 너무 난해하고 검증도 불가능해서 비판 또한 만만치 않아, 지금으로서는 명확한 평가를 내리기 어렵다.

괴델
불완전성 정리 - 첨단 우주론은 전위적 현대시다

물리학 이론을 밑바탕에서 지탱하는 것은 수학이다. 하지만 수학 또한 완전한 것은 아니다. 수학자 쿠르트 괴델은 유명한 불완전성 정리에서, 수학적 이론의 정당성을 증명하는 데는 한계가 있으며, 모든 논리 체계에는 궁극적으로 옳다고 할 수도 없고 그르다고도 할 수 없는 논리가 섞여 있다고 주장했다.

수학 이론을 증명하는 데 한계가 있다면, 물리 이론의 정당성을 증명하는 데도 한계가 생긴다. 그렇다면 논리주의를 취하는 물리학자들의 첨단 우주론이나 양자론은 실증적인 면뿐만 아니라 순수한 논리적 측면에서도 증명이 어렵다는 말이 된다. 요컨대 첨단 우주론의 세계는 상식을 초월한 이미지들이 난무하는 전위적 현대시나 마찬가지라는

괴델 Kurt Gödel 1906~1978
오스트리아 태생 미국의 수학자·논리학자. 아무리 엄밀한 논리적 수학체계라도 그 안에는 그 체계 내의 공리(公理)에 기초해 증명할 수 없거나 반증할 수 없는 명제(문제)가 있으므로 산술의 기본공리들은 모순이 될 수도 있다는 '괴델의 정리'를 내놓았다. 이 정리는 20세기 수학의 한 특징이 되었고, 사람들은 끊임없이 그 영향을 받고 그 영향에 대해 논쟁하고 있다. 1930년부터 빈대학교의 교수로 있으면서 뉴저지에 있는 프린스턴 고등연구소의 연구원(1933, 1935, 1938~52)으로 있었다. 1940년 미국으로 이민해 1948년 시민권을 얻었으며, 1953년부터 프린스턴 고등연구소의 교수로 있었다. 그의 유명한 『집합론 공리와 선택공리 및 일반화된 연속체 가설 사이의 무모순성*Con-sistency of the Axiom of Choice and of the Generalized Continuum-Hypothesis with the Axioms of Set Theory*』은 현대 수학의 고전이 되었다.

"안타까운 일이지만,
아무리 훌륭하게 보이는
논리라 하더라도
그것이 100% 옳다는 사실을
증명할 방법은 없다"

괴델

"그러면 우리들이 한 일은
모두 허사란 말인가!"

학자들

호킹

"하지만 우주라는 드라마가
아무리 멋있어도, 그것을 보는
사람이 없다면 그 드라마는
무의미하지 않을까?
틀렸다고 하더라도
우주라는 드라마의 시나리오를
찾아봐야지!"

것이다. 하지만 그래도 인류는 우주의 비밀에 다가서려는 노력을 계속할 것이다. 가령 일그러진 거울이라 해도, 우리 인류는 광대한 우주가 자신을 비추어보기 위한 단 하나의 거울이다. 우주의 드라마가 아무리 화려하고 심오하다 해도, 그것을 감상할 존재가 없다면 그곳에는 칠흑같은 어둠과 영원한 무가 기다리고 있을 뿐이다.

우주가 무에서 탄생했다고 주장한 비렌킨, 블랙홀 연구나 허수 시간을 바탕으로 한 우주론으로 알려진 호킹, 인플레이션 이론을 내놓은 구스와 사토, 초끈이론을 내놓은 슈바르츠와 그린 등 최근 화제가 된 대담하고 매혹적인 우주론, 양자론 대부분은 논리주의의 길을 걷는 연구자들이 발표했다. 그들이 주장한, 전위적 현대시를 연상케 하는 우주론은 아직 알려지지 않은 세계를 그리고 있고, 거기에는 비약과 오류가 있을 것이다. 그렇다고 하더라도 그 시가 노래하는 세계는 여전히 아름답고 매력적이다.

초대통일이론을 향하여

전약통일이론과 달리, 사이클로트론(입자가속기)의 힘을 빌려 대통일이론을 인공적으로 검증하는 것은 불가능에 가깝다. 대통일이론이 성립하는 것은 1000조 K의 10조 배라는 초고온, 초고에너지 세계에서이다. 그런 에너지를 만들어내는 사이클로트론을 현실화한다면, 이론적으로 볼 때 그 크기가 태양계 정도가 되어버린다. 그렇기 때문에 대통일이론의 정당성을 실증하는 연구는 절망적인 난관에 부딪힌 상태이다.

그렇지만 우주 탄생의 핵심에 다가서기 위해서는 자연계의 4가지 힘(전자기력, 약력, 강력, 중력)을 하나의 이론으로 설명해야만 한다. 대통일이론을 뛰어넘는다는 의미를 담아, 아직 완성되지 않은 그 이론을 '초(超)대통일이론'이라 부른다. 그 이론을 완성하기 위해서는 일반상대성이론과 양자역학의 융합, 즉 양자가 작용하는 장과 중력이 작용하는 장을 통합해야 하기 때문에 '양자중력이론'이라 부르기도 한다. 다만 물과 기름 같은 일반상대성이론과 양자론을 융합시키는 일은 상상 이상으로 힘들어, 물리학자들은 여전히 악전고투 중이다.

초대통일이론 세계에서는 게이지 입자의 하나이며 중력을 매개하는 존재라고 예상되는 그라비톤(중력자)도 다른 게이지 입자와 하나가 되어, 자연계의 4가지 힘이 모두 혼연일체가 되어 존재할 것이다. 다만 초대통일이론이 성립하는 것은 절대 온도 10^{32}K라는 상상을 초월하는 초고에너지 세계에서이기

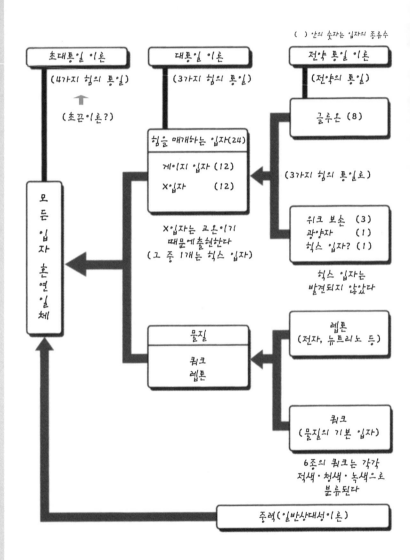

( )안의 숫자는 입자의 종류수

초대통일 이론
(4가지 힘의 통일)

(초끈이론?)

대통일 이론
(3가지 힘의 통일)

전약 통일 이론
(전약의 통일)

글루온 (8)

힘을 매개하는 입자(24)

게이지 입자 (12)

X입자   (12)

(3가지 힘의 통일로)

X입자는 고온이기
때문에 출현한다
(그 중 1개는 힉스 입자)

위크 보손 (3)
광양자   (1)
힉스 입자? (1)

힉스 입자는
발견되지 않았다

오 든 입 자 혼 연 일 체

물질

쿼크
렙톤

렙톤
(전자, 뉴트리노 등)

쿼크
(물질의 기본 입자)

6종의 쿼크는 각각
적색·청색·녹색으로
분류된다

중력(일반상대성이론)

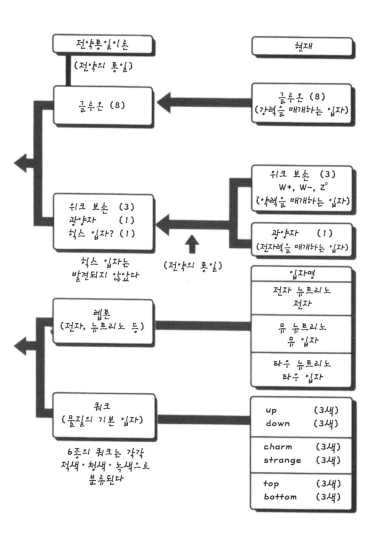

전약통일이론
(전약의 통일)

현재

글루온 (8)

글루온 (8)
(강력을 매개하는 입자)

위크 보손 (3)
광양자 (1)
히스 입자? (1)

히스 입자는
발견되지 않았다

위크 보손 (3)
W+, W−, Z⁰
(약력을 매개하는 입자)

광양자 (1)
(전자력을 매개하는 입자)

(전약의 통일)

렙톤
(전자, 뉴트리노 등)

입자명

전자 뉴트리노
전자

뮤 뉴트리노
뮤 입자

타우 뉴트리노
타우 입자

쿼크
(물질의 기본 입자)

6종의 쿼크는 각각
적색·청색·녹색으로
분류된다

up	(3색)
down	(3색)
charm	(3색)
strange	(3색)
top	(3색)
bottom	(3색)

때문에, 그 양태를 이론적으로 논할 수는 있어도 실험적으로 검증하는 일은 애초부터 불가능하다.

이런 상황 속에서 물리학자들은 사이클로트론의 한계에 직면했고, 그 중에는 실험물리학에서 우주공간 물리학으로 연구의 장을 전환하는 사람도 나타나기 시작했다. 그리고 연구자 그룹이 둘로 나뉘었다.

하나는 비록 한계가 있다 하더라도 게이지 이론을 검증하고 발전시키기 위해 한 걸음 한 걸음 과거로 거슬러 올라가려는 그룹이다. 그 입장의 근저에는 '아무리 이론이 절묘해 보여도 물리학은 본래 실증 과학이기 때문에, 이론적으로 이끌어낸 가설은 실험이나 관찰을 통해 정당성이 증명되어야 한다'는 사고방식이 깔려 있다. 그들은 도저히 건널 수 없는, 에너지라는 끝없는 사막에도 오아시스가 존재할 것이라 생각하며 거대 사이클로트론에 대한 희망을 버리지 않고 있다.

한편 또 한 그룹은 게이지 이론을 검증해 발전한다는 실증적 연구 방법과 결별하고, 우주를 관측해 얻은 여러 사실을 바탕으로 사변적인 방법을 동원해 단숨에 시공 축의 원점까지 거슬러 올라간다. 그리고 마치 시공의 강을 따라 내려오기라도 하듯 마이크로에서 매크로에 이르는 우주의 역사를 말하려고 한다. 논리주의에 입각한 그 이론은 래디컬하고 첨예하며, 때로는 곡예를 부리는 듯하다. 보는 사람에 따라서 그 이론은 물리학이라기보다 철학에 가까워 보일 수도 있다.

이 그룹에 속하는 과학자가 그리는 우주상은 매력적이며 그 나름대로 설득력도 있지만, 사람이 직접적으로 관여할 수 없는 특이한 상황을 전제로 하는 만큼 실증적으로 증명하는 것이 거의 불가능하며, 실증주의 학자들은 그 점을 날카롭게 비판하고 있다.

우주사 연표

실증주의 입장을 고수하고 있는 학자들은 에너지 벽이라는 난관에 맞서면서 돌다리를 두드리듯 착실히 탐구를 계속하고 있고, 다른 한편에서 논리주의자들은 화려한 논리와 천재적인 직관을 무기 삼아 장대하고 극적인 우주론을 전개하고 있다. 그리고 천문학자들은 양자의 중간에서 광대한 우주의 방대한 데이터를 수집하고 각종 우주론이나 양자론의 타당성을 검증하면서 신뢰도가 높은 우주상을 구축하기 위해 노력하고 있다. 최근 들어 이 세 분야의 연구 성과가 서로 융합하고 모자란 부분을 보충하면서 불완전하나마 조리 있게 우주 생성의 드라마가 그려지고 있다.

인류의 우주 탐구 여행은 이제 출발점에 서 있을 뿐이다. 기껏해야 '인간의 원리'라는 테두리 안에서 진행되는 우주연구에 불과하기 때문에, 우리가 그리는 드라마에는 오류와 모순이 있을 것이다. 하지만 그렇다고 하더라도 겨우 시작한 드라마를 황당무계하다고 무시해버리기보다는, 관대한 마음으로 나름대로 재미있는 이 드라마를 즐기고 먼 꿈을 좇는 것도 괜찮지 않을까?

마지막 4장에서는 우리가 예전부터 익숙한 방식, 즉 시간의 흐름에 따라 우주가 탄생해 현재에 이르기까지 어떻게 변화했는지를 현재 알 수 있는 범위에서 소개하려고 한다. 난해한 내용이 적지 않게 들어 있지만, 불과 4세기 만에 천동설을 뛰어 넘어 여기까지 우주관을 확대했다는 사실에 감탄을 금할 수 없는 것 또한 사실이다. '우주의 거울'로서 인류의 한 면목이 여기에 있는 것이 아닐까?

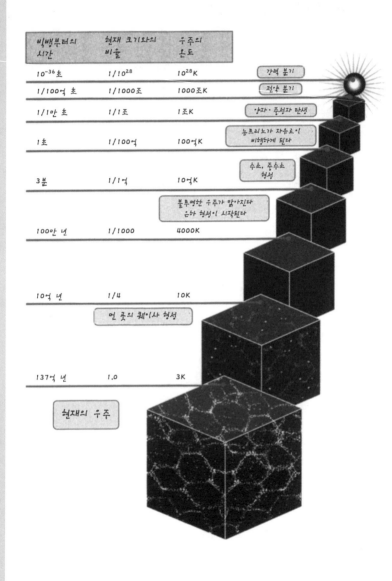

빅뱅부터의 시간	현재 크기와의 비율	우주의 온도
10^{-36} 초	$1/10^{28}$	10^{28}K
1/100억 초	1/1000조	1000조K
1/1만 초	1/1조	1조K
1초	1/100억	100억K
3분	1/1억	10억K
100만 년	1/1000	4000K
10억 년	1/4	10K
137억 년	1.0	3K

강력 분기

전약 분기

양자 · 중성자 탄생

뉴트리노가 자유로이
비행하게 된다

수소, 중수소
형성

불투명한 우주가 맑아진다
은하 형성이 시작된다

먼 곳의 퀘이사 형성

현재의 우주

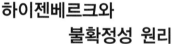

Werner
Heisenberg

하이젠베르크와
불확정성 원리

일세를 풍미한 '진동'(요동)이라는 말은 하이젠베르크의 불확정성 원리의 본질을 실로 잘 표현하고 있다. 이 이론은 '소립자의 운동 양태를 정확히 결정하는 것은 불가능하다'는 사실을 기술하고 있으며, '모든 사물에는 일정한 폭이 있을 뿐, 절대 불변의 양태가 존재하는 것은 아니다'라는 주장을 담고 있는데, '진동'이라는 말과 함께 여러 분야에서 널리 쓰이게 되었다. 불확정성 원리에 기초한 양자론은 비결정론적 입장을 취하는 분자유전학자나 철학자, 사회과학자들에게 커다란 영향을 끼쳤다.

제4장

우주의 생성과 우주론의 최전선

비렌킨

비렌킨의 무(無) – 물질도 에너지도 시간도 공간도 존재하지 않았다

빅뱅 우주론의 첫번째 문제는 빅뱅이 발생할 때 우주의 체적은 한없이 0에 가까운데 그 에너지 밀도와 온도는 무한히 커진다는 점에 있었다. 또 '빅뱅 우주의 밑씨(배주胚珠)'에 해당하는 특이한 상황이 갑자기 발생하는 메커니즘을 해명하는 것도 쉽지 않았다('특이점 곤란'이라 부른다).

'빅뱅이 발생하는 순간에는 현재 우주에 존재하고 있는 모든 물질이 소립자보다 작은 한 점에 응축되어 있었다'는 학설은 참으로 믿기 어렵다. 원자를 구성하는 소립자 사이의 공간이 찌부러질 정도로 물질이 압축될 수 있다고 인정한다 해도, 그 뒤의 일은 전혀 다른 이야기이다. 그런데 양자론은 '무한히 작은 한 점에 무한히 큰 공간과 질량이 응축되어 있다'는 문제에 하나의 해답을 제시했다.

상대성이론에 기초한 질량 에너지 원리에 의해, 질량은 모든 에너지, 즉 빛(복사에너지)으로 전환될 수 있다. 플랑크의 에너지 공식에 따르면, 빛의 주파수가 무한히 큰 값을 취하면, 즉 빛의 파장이 무한히 짧아

비렌킨 Alexander Virenkin 1949~
우크라이나 출신의 미국 물리학자. 1982년 '터널효과에 의한 무로부터의 우주 탄생'을 이론화한 것으로 유명하다. 그는 물질도 빛도 열도 시간도 공간도 존재하지 않는 완전한 '무'에서 우주가 탄생했다고 생각했다.

시간을 거꾸로 돌리면 우주는 무한히 작은 한 점으로 응축된다

무한히 작은 그 한 점이 팽창하면

초고에너지
빛 덩어리

주파수는
무한히 크고,
파장은
무한히 짧다

응축된 작은 빛 입자 속에 전우주의 물질과 에너지가 감추어져 있다

"물질도 빛도 열도 시간도 공간도 존재하지 않는 완전한 '무'에서 우주는 탄생했다"

비렌킨

"그러한 무 상태 이전에는 무엇이 있었는데?"

일반인들

"'그 이전에 무엇이 있었나?'라는 질문 자체가 시간과 공간이라는 개념에 사로잡혀 있는 것이다"

지면, 그 빛의 에너지와 온도는 무한히 커진다. 보통은 그런 초고에너지 빛은 존재하지 않지만, 양자론에 따르면 그것이 존재할 확률은 0이 아니다. 양자론 학자들은 만약 우주에 존재하는 모든 물질 대부분이 무한히 큰 에너지 밀도를 가진 빛으로 바뀌어 있다면, 무한히 작은 공간(이론상으로는 한계가 있는 초극소공간)에 현재 우주에 존재하는 모든 물질, 모든 에너지가 응축되어 있다 해도 이상할 것이 없다고 생각했다. 질량이 없는 광양자는 격렬하게 운동할 수 있기 때문에, 단위 체적당 에너지 밀도는 얼마든지 커질 수 있다는 것이다.

만약 빅뱅 초기의 우주가 초고밀도 고에너지가 응축된 무한히 작은 빛의 덩어리였다면, 그것은 도대체 어떻게 해서 탄생되었을까? 이 문제에 대한 해결책을 처음으로 제시한 것은 알렉산더 비렌킨이었다. 양자론적 사고방식에 익숙하지 않은 일반인에게 그 이론은 너무나도 이상야릇해서 이해하기 어렵게 느껴질 것이다. 그의 이론을 일상 언어로 설명해보아도 마치 신발을 신고 발을 긁는 것처럼 느껴질 뿐, 본질에 다가서기는 힘들 것이다.

한마디로 요약해서 말하자면, 비렌킨은 우주가 '무(無)'에서 태어났다고 생각했다. 여기에서 말하는 '무'에 대해서는 얼마간 설명이 필요하다. 비렌킨이 말하는 '무'는 물질은 물론이고, 빛이나 열 같은 에너지, 시간과 공간조차 존재하지 않는 상태를 의미한다. 우리들의 통상적인 관념은 시간이나 공간과 밀접하게 연결되어 생겨났기 때문에, 비렌킨 스스로도 말했지만, 양자론의 특수한 기술방법에 의지하지 않고 그러한 상태를 구체적인 이미지로 떠올리는 것은 매우 어렵다. 그곳은 일상적 관념이 통용되지 않는 세계이다.

그는 '그러면 그러한 무 상태 이전에 무엇이 있었나' 라는 얼핏 보기에 매우 당연한 의문조차도 우리가 암암리에 시간과 공간이라는 개념에 묶여 있기 때문이라고 생각했다. '이전' 이라는 개념은 과거에서 미래로 흐르는 '시간' 의 존재를 전제한 것이고, '무엇이 있었나' 라는 물음 역시 우주가 생성된 뒤에 생겨날 '공간' 이라는 개념을 암암리에 전제하고 있기 때문이다.

0점 진동 – 플러스 에너지와 마이너스 에너지의 줄다리기

    비렌킨은 양자론적 사고방식에 따라 '에너지에는 우리가 사는 우주를 만든 양의 진공에너지와 우리가 직접적으로 지각하거나 인식할 수 없는 음의 진공에너지가 존재한다'고 생각했다. 가령 음의 진공에너지를 바탕으로 해서 생겨난 우주가 존재한다 해도, 양의 에너지 세계에 사는 우리들은 그 세계에서 생기는 일을 결코 알아낼 수 없다. 더욱이 '진공에너지'는 보통의 에너지가 진공이라는 특수한 상태로 모습을 바꾸고 있는 상황을 말한다. 요령 있게 설명하기는 힘들지만, 일단 얼음이나 물 따위가 눈에 보이지 않는 기체(수증기)로 모습을 바꾼 것과 같다고 생각해보자.

    비렌킨은 '무'란 진공에너지가 한없이 0에 가까운 상태, 즉 균형을 유지하고 있는 양의 진공에너지와 음의 진공에너지가 서로 부정하여 쌍방의 진공에너지가 거의 소멸된 상태라고 생각했다. 다만 '절대'라는 조건항을 받아들이지 않는 양자론 학자들은 '무'인 상태에서도 음양 진공에너지가 완전히 소멸한 것은 아니고, 서로 뒤섞여 서로를 부정하면서 극미하게 흔들리고 있다고 생각한다. 음양 진공에너지가 아슬아슬하게 힘의 균형을 유지한 상태로 줄다리기하면서, 때로는 양(+) 쪽으로 아주 조금 흔들리고, 또 때로는 음(−) 쪽으로 아주 조금 흔들리는, 불규칙한 진동(흔들림)을 반복하고 있다고 생각하면 된다.

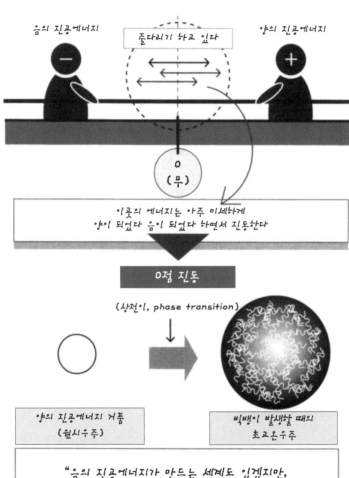

음의 진공에너지

양의 진공에너지

줄다리기 하고 있다

0
(무)

이곳의 에너지는 아주 미세하게
양이 되었다 음이 되었다 하면서 진동한다

0점 진동

(상전이, phase transition)

양의 진공에너지 거품
(원시우주)

빅뱅이 발생할 때의
초고온우주

"음의 진공에너지가 만드는 세계도 있겠지만,
양의 진공에너지 속에 사는 우리들은 지각할 수 없다"

이러한 상태를 양자론에서는 '0점 진동'이라 부른다. 0점 진동 상태에 있을 경우, 음의 진공에너지든 양의 진공에너지든 어느 한쪽이 다른 한쪽의 작용력을 떨쳐버리고 한쪽만의 진공에너지 덩어리가 될 수는 없다.

비렌킨
터널 효과 – 터널 효과에 의해 탄생한 우주

비렌킨은 '0점 진동의 세계'는 공간적 넓이가 있는 우리 우주와 다른 세계로, 우주의 알이 거품처럼 태어났다 사라지고 사라졌다 태어나는 곳이라 생각했다. 우주의 알은 진공에너지의 진동, 즉 음양 진공에너지의 줄다리기에서 양의 진공에너지의 힘이 아주 약간 우세할 때 잠깐 생기는 거품 같은 양의 진공에너지 덩어리인데, 그것들은 금방 거대한 음의 진공에너지 물결에 휩쓸려 사라지고, 작은 거품이 터지듯 소멸해버린다.

양의 진공에너지로 이루어진 우주의 알이 알로 끝나지 않고 진정한 우주로 거듭나기 위해서는, 우선 음의 진공에너지와 벌이는 줄다리기에서 승리해 상대의 힘을 떨쳐내고 자유의 몸이 되어야 한다. 양자론식으로 표현하자면, 아래쪽 그래프의 원점(0점) 부근에서 생긴 우주의 알(양의 진공에너지)이 진정한 우주로 성장하기 위해서는, 음의 진공에너지 산(벽)을 뛰어넘어야 한다. 그러고는 바로 음의 에너지 산맥에 나서고 싶겠지만, 지극히 적은 양의 진공에너지 거품이 히말라야 산맥과도 같은 음의 진공에너지를 넘는 것은 거의 불가능에 가깝다.

하지만 몇 번이고 되풀이해서 말했듯이 양자론의 세계에 불가능이란 말은 없다. 확률은 지극히 적지만, 열차가 터널을 뚫고 지나가듯 우주의 알이 순간적으로 음의 진공에너지 산맥을 돌파하는 일이 일어난

이유는 알 수 없지만, 이런 일도 일어난다

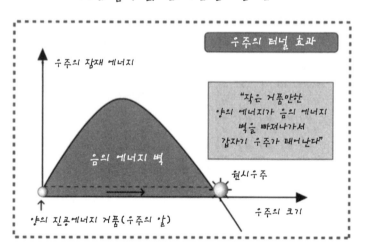

다 해도 양자론적 시점에서는 이상할 것이 없다. 비렌킨은 이 '터널 효과'에 힘입어 음의 진공에너지라는 난관을 빠져나온 우주의 알 하나가 현재의 우주로 성장했다고 생각했다.

비렌킨
원시우주 — 방대한 진공에너지가 응축된 원시우주

　음의 에너지 산맥을 뚫고 '무의 세계'에서 유의 세계로 통하는 터널을 빠져나와　태어난 원시우주의 크기는 짐작조차 할 수 없을 만큼 작았다.

　수치로 나타내면 10^{-33}cm, 즉 1000조 분의 1× 1000조 분의 1×1000분의 1cm이다. 또한 우주의 알, 즉 0점 진동에 의해 발생한 에너지 거품이 원시우주가 되어 나타나는 데 걸리는 시간은 약 10^{-43}초, 즉 1000조 분의 1×1000조 분의 1×100조 분의 1초였다고 한다. 시간과 공간이 뒤섞여 있던 상태를 벗어나 분명하게 분리된 양상을 보이는 것은 이 원시우주가 탄생하는 순간이고, 통합되어 있던 네 힘 중 중력이 다른 세 힘으로부터 분기하는 것도 원시우주가 탄생한 직후의 일이다.

　우주의 알은 양의 진공에너지가 응축된 것이기 때문에, 태어난 순간의 원시우주는 당연히 양의 진공에너지로 가득 차 있다. 그것은 상상할 수 없이 작은 우주이지만, 거기에 숨겨져 있는 진공에너지는 무한대에 가깝다. 놀랍게도 현재 우주에 존재하는 모든 천체, 모든 물질, 모든 에너지는 그 때의 진공에너지가 모습을 바꾼 것이라는 말이다.

　방대한 진공에너지 때문에, 소립자보다 훨씬 작은, 이제 갓 태어난 우주는 그 다음 순간에는 맹렬한 기세로 팽창하기 시작한다. 개방된 진공에너지가 척력으로 작용하기 때문이다. 이것을 우주의 인플레이

이 작은 공간에 현재 우주에 존재하는 모든 요소가 포함되어 있다!

직경 10^{-33} cm

$\parallel$

0.0000000000000000000000000000000001 cm

$\parallel$

$\dfrac{1}{1000조} \times \dfrac{1}{1000조} \times \dfrac{1}{1000}$ cm

우주의 잠재 에너지

에너지 벽

원시우주 탄생

우주의 알

우주의 크기

우주의 알 탄생부터
원시우주 탄생까지 걸리는 시간

10^{-43} 초

$\parallel$

0.0000000000000000000000000000000000000000001 초

$\parallel$

$\dfrac{1}{1000조} \times \dfrac{1}{1000조} \times \dfrac{1}{100조}$ 초

"정신이 하나도 없군…"

선이라 한다. 이 인플레이션 때문에 진공에너지가 상전이(相轉移)를 일으켜 에너지로 변하고, 이윽고 고온의 불덩어리가 되어 빅뱅으로 이어진다.

비렌킨

우주끈 – 잠재에너지를 감춘 오래된 진공끈

강력이 갈라져 나온 전후에 발생했던 인플레이션에 의한 진공 상전이가 우주 전체에서 동시에 일어났을 리는 없다. 우선 오래된 진공 안의 이곳저곳에서 일어난 상전이에 의해 많은 새로운 진공이 거품 상태로 발생했다.

그리고 그 거품 상태의 새로운 진공은 각각 급격하게 팽창하기 시작하고, 다시 상전이를 하지 않고 남아 있던 오래된 진공 부분을 눌러서 찌그러뜨리며 성장했다. 한편 새로운 진공 거품과 거품 사이에는 더욱 거대한 잠재에너지를 감춘 채로 눌러서 찌부러진 오래된 진공부가 그물 모양 혹은 격자 모양으로 남아 있게 되었다.

비렌킨은 이 그물 모양의 오래된 진공끈을 '우주끈(cosmic strings)' 이라 부르고, 그것이 나중에 우주의 대구조 골격 형성(거품 우주의 보이드와 보이드의 경계 부분을 형성)에 중요한 역할을 담당한다고 생각했다. 이를 '우주끈 이론' (초끈이론과는 다른 것임)이라 부른다.

이상한 압력으로 눌러서 찌부러진 오래된 진공 부분(오래된 진공끈) 몇 개는 부분적으로 인플레이션을 일으켜 '자우주' 로 진화했다고 한다. 또 자우주에서 다시 새로운 '손자우주' 가 탄생했을 가능성도 생각할 수 있다. 모우주와 자우주를 잇는 가늘고 긴 관상(管狀) 부분을 '웜홀' 이라 부른다.

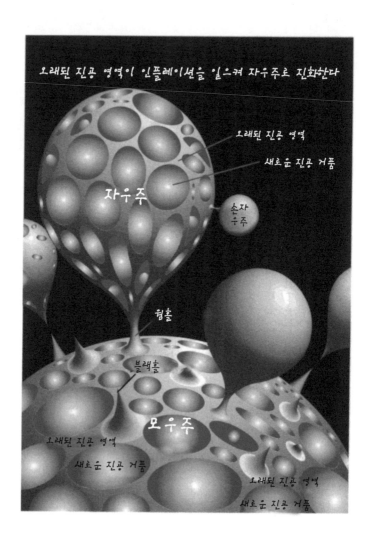

오래된 진공 영역이 인플레이션을 일으켜 자우주로 진화한다

오래된 진공 영역
새로운 진공 거품
자우주
손자
우주
웜홀
블랙홀
모우주
오래된 진공 영역
새로운 진공 거품
오래된 진공 영역
새로운 진공 거품

호킹과 일부 학자들은 국소적인 인플레이션을 일으키기 직전에 멈춘 오래된 진공 부분이나 웜홀 및 그 흔적 따위가 블랙홀이 되었을 가능성이 높다고 본다. 다만 초기 우주에서 다수 출현했던 블랙홀 중 규모가 작은 것은 거의 증발·소멸되었을 것이라고 한다.

호킹
블랙홀 증발설 – 에너지를 방출하는 블랙홀

'휠체어를 탄 천재' 영국의 물리학자 스티븐 호킹은 일반 대중에게도 널리 알려져 있다. 그는 독자적인 이론을 바탕으로 원시우주의 특이점 문제를 연구해, 비렌킨의 주장처럼 양자가 0점 진동을 하고 있는 무의 세계에서 우주가 탄생했을 가능성이 가장 높다는 사실을 증명했다. 다만 비렌킨은 그 과정을 터널 효과에 의해 설명한 것에 비해, 호킹은 무경계설이라는 새로운 학설을 내놓았다.

1916년, 독일의 슈바르츠실트는 아인슈타인의 중력장 방정식에 기묘한 해가 존재한다는 사실을 발견한다. 슈바르츠실트는 그 해를 통해, 우주 안에는 중심부의 거대 중력 때문에 일정한 반경 바깥(슈바르츠실트 반경이라고 한다)으로 빛조차도 빠져나갈 수 없는 특별한 영역(특이

호킹 Stephen W(illiam) Hawking 1942~

영국의 이론물리학자. 옥스퍼드 출생. 1962년 옥스퍼드대학을 졸업하고 케임브리지대학 대학원에서 물리학을 전공했다. 대학원에서 박사학위 준비를 하고 있던 1963년, 몸속의 운동 신경이 차례로 파괴되어 전신이 뒤틀리는 루게릭병에 걸렸다는 진단과 함께 1~2년밖에 살지 못한다는 시한부인생을 선고받았다. 그러나 그의 학문 인생은 이때부터 시작, 우주물리학에 몰두하여 1973년 '블랙홀은 검은 것이 아니라 빛보다 빠른 속도의 입자를 방출하며 뜨거운 물체처럼 빛을 발한다'는 학설을 내놓아, 블랙홀은 강한 중력을 지녀 주위의 모든 물체를 삼켜버린다는 종래의 학설을 뒤집었다. 또한 그는 '특이점 정리' '블랙홀 증발' '양자우주론' 등 현대물리학에 3개의 혁명적 이론을 제시했고, 세계물리학계는 물리학의 계보를 갈릴레이, 뉴턴, 아인슈타인 다음으로 그를 꼽게 되었다.

대를 이루는 입자·반입자 쌍

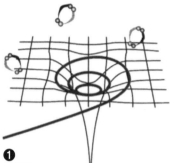

❶
블랙홀은 주변의 빛이나 물질을 빨아
들이며 성장한다
한편, 주변의 진공에서는 입자·반입
자 쌍이 생겼다 없어졌다 한다

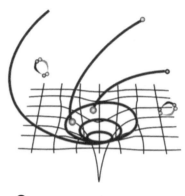

❷
입자·반입자 쌍 중 반입자를 빨아들이
면 블랙홀의 질량은 감소하고 슈바르츠
실트 반경이 작아진다
남아 있는 플러스 에너지를 가진 입자
는 밖으로 튀쳐나간다

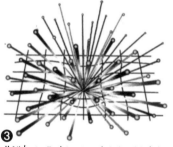

❸
블랙홀의 증발은 그 질량이 작을수록
격렬하다
그렇기 때문에 증발의 최종단계는 다양
한 입자·반입자가 대량으로 폭발적으
로 밖으로 튀쳐나간다

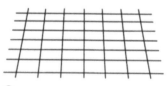

❹
블랙홀이 증발한 뒤에는 아무 것도 남
지 않고 평탄한 시공이 존재할 뿐이다
호킹은 이렇게 해서 사라진 미니 블랙
홀이 많을 것이라고 말한다

점)이 존재한다는 사실을 알아냈다. 슈바르츠실트 반경을 가진 경계구면을 '사건의 지평선' 이라 부르는데, 그 경계 안에서는 시간이나 공간도 소멸하고 모든 물리학 법칙이 성립하지 않는다고 한다. 당시의 물리학계는 이 기상천외한 이론이 너무 비현실적이어서 완전히 무시해 버렸다.

하지만 1939년, 미국의 물리학자 오펜하이머(John Robert Oppenheimer, 1904~1967)가 '거대한 별이 수축되면 중성자 덩어리가 되었다가 결국에는 거대 질량을 가진 한 점으로 수축한다' 는 사실을 논리적으로 증명하자, 슈바르츠실트의 이론은 '블랙홀 문제' 라는 새로운 이름으로 불리며 각광을 받았다. 호킹 또한 우주의 특이점 '블랙홀' 에 큰 관심을 갖고 연구를 진행한 사람 중의 한 명이다.

호킹

특이점 정리 – 우주의 근원을 밝히기 위해 한계에 도전하다

호킹은 우주의 특이점, 블랙홀 문제를 해명하기 위해 1965년에서 1970년에 걸쳐 '우주의 특이점 정리' 연구를 진행해, 수학상의 계산을 바탕으로 일반상대성이론을 따르는 한 우주의 시작 또한 일종의 특이점이어야 한다는 사실을 증명했다. 앞서 서술했듯이 특이점이란 시간과 공간이 소멸하고 모든 물리학 법칙이 성립하지 않는 특수한 영역을 가리킨다.

호킹은 물리학 법칙이 전혀 통하지 않는 특이점에서는 어떠한 일도 일어날 수 있으며, 어떠한 것이라도 생겨날 가능성이 있다고 주장했다. 그리고 빅뱅 우주의 원점도 그러한 특이점이었을 것이며, 우리들의 우주는 그곳에서 시작되었다고 생각했다. 또한 호킹은 일반상대성이론을 전제로 삼으면 특이점이 이치에 맞지 않게 갑자기 출현한 것처럼 보이므로, 허수를 이용한 새로운 시간 개념을 도입·발전시켜 그 문제를 해결하려 했다. 실공간축과 실시간축만을 이용한 일반상대성이론의 4차원 시공으로는 실시간과 실공간이 소멸해 버리는 '우주의 특이점'이 어떻게 출현하는지를 설명할 수 없다고 생각했기 때문이다.

비렌킨은 빅뱅의 기원인 우주의 특이점, 즉 원시우주가 터널 효과에 의해 '무'에서 탄생했다고 주장했지만, 호킹은 거기에서 한 걸음 더 나아가 마술과도 같은 '우주의 터널 효과' 그 자체에 대해서도 독자적인

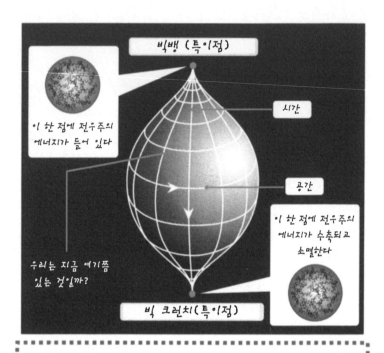

빅뱅 (특이점)

이 한 점에 전우주의
에너지가 들어 있다

시간

공간

이 한 점에 전우주의
에너지가 수축되고
소멸한다

우리는 지금 여기쯤
있는 것일까?

빅 크런치(특이점)

호킹의 생각

일반상대성이론을 따르자면, 우주는 특이점에서 발생하여 특이점에서 소멸
된다고 생각할 수밖에 없다
그러나 특이점에서는 시간·공간이 없어지기 때문에, 물리 법칙은 성립하
지 않는다
그렇기 때문에 어떤 괴상한 일이 생겨나도 이상할 것이 없다
호킹은 이 특이점을 허수로 나타낸 시간을 이용하여 설명하면 어떤 일이
벌어질지를 생각했다

해석을 시도했다. 일반상대성이론은 논리적으로 설명하기 곤란한 무한대의 밀도를 가진 한 점에서 우주의 근원을 찾아야 하는 한계가 있었고, 호킹은 어떻게든 그 한계를 뛰어넘으려 노력했다.

호킹
무경계설 – 난해한 허시간의 세계

호킹이 주장하는 우주의 무경계설을 간단히 요약하면 '이 우주의 시간이나 공간에는 경계나 테두리가 존재하지 않는다'는 것이다. 아인슈타인의 4차원 시공과 비슷하다고 느낄 수도 있지만, 실제로는 완전히 다른 이론이다.

솔직히 말해 고도의 수학·물리학 훈련을 받지 않은 일반인에게, 호킹이 말하는 세계의 이미지를 머릿속에 떠올리는 일은 상대성이론이 말하는 세계의 이미지를 떠올리는 것 이상으로 어려운 일이다. 호킹 자신이 일반인을 위해 쓴 『호킹, 우주를 말하다』라는 책이 있지만 사실 그 책도 만만하지 않다. 그 난해함의 원인은 무경계 이론이 일상언어나 3차원의 도형밖에 그릴 수 없는 도법으로는 표현할 수 없기 때문이다.

호킹은 우주의 시공을 생각할 때, 세로·가로·높이의 공간과 실수(實數) 시간축(보통의 시간축)으로 구성되는 4축 외에 '허수'로 표현되는 시간축을 하나 더 도입했다. 허수란 음수의 제곱근에 해당하고, 그 수를 제곱하면 음수가 되는 성질이 있다. 허수는 실수처럼 크기를 갖지 않기 때문에 양을 나타낼 수는 없지만, 수학이나 물리의 세계에서 난해한 이론을 기술하거나 논리 계산을 행할 때 강력한 기중기, 혹은 고성능 윤활유 같은 역할을 하는 수이다. 허수에는 대소 관계가 존재

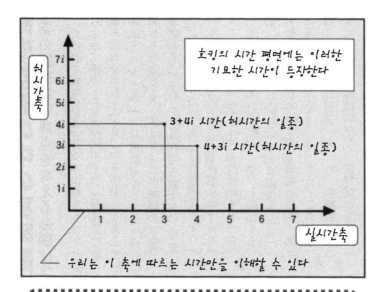

호킹의 시간 평면에는 이러한 기묘한 시간이 등장한다

우리는 이 축에 따르는 시간만을 이해할 수 있다

i는 -1의 제곱근으로, 이 수를 제곱하면 -1이 된다
허수에는 대소 관계가 없기 때문에, 예컨대 $3+4i$ 시간과 $4+3i$ 시간 중 어느 쪽이 긴가를 생각해보아야 아무 의미도 없다
1시간과 i시간 중 어느 쪽이 긴가를 생각하는 것도 의미가 없다
과거, 현재, 미래라는 사고방식도 허시간의 세계에서는 전혀 의미가 없다

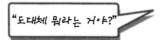

"도대체 뭐라는 거야?"

하지 않기 때문에, 허시간(허수로 표현되는 시간)의 세계에는 과거, 현재, 미래 따위는 존재하지 않는다. 그런 세계가 존재한다 해도 그것은 우리의 상상을 초월한 어떤 것이다.

호킹
허시간 우주 1 – 5개의 축을 갖는 5차원 공간

호킹이 주장하는 무경계 우주는 5개의 축을 갖고 있으므로 정확히 말하자면 5차원 공간이다. 실수 시간축과 허수 시간축으로 구성된 시간의 평면(복소수로 표현되는 시간의 좌표를 갖는 평면)과 보통의 3차원 공간이 조합되어 생긴 공간이라 생각하면 된다.

1+2i처럼 a+bi(i는 허수 단위)라는 형태로 표기되는 복소수는 실수 부분 a와 허수 부분 bi의 합으로 이루어지기 때문에, 호킹의 시간 평면에는 시간을 나타내는 다양한 점이 존재한다. 'a+bi 시간'은 허수 bi를 포함하기 때문에 허시간을 나타내지만, 간혹 b=0일 경우에 한해서 bi가 0이 되고 'a+bi 시간'은 a시간이라는 실시간을 나타내게 된다. 그러므로 허시간과 실시간은 이어져 있고, 한쪽 시간에서 다른 쪽 시간으로 자연스럽게 이동할 수 있다고 호킹은 생각했다.

호킹은 우리들의 우주는 허시간축을 갖는 5차원 공간 중에 4차원 부분(실시간축과 공간 3축으로 이루어진 4차원 시공)에 나타나는 4차원구라고 설명한다. 복소수로 표현되는 a+bi 시간(허시간)이 섞인 5차원 공간(이 공간은 우리 인간에게 인식 불가능)에서, 어떤 순간에 a+bi 시간의 b가 0이 되는 사태가 발생하기 때문에 실시간축과 공간 3축으로 이루어진 4차원 공간부에 4차원구가 탄생하고, 그것이 성장·확대된 것이 현재의 우주라는 것이다. 이 이론에 따르면, 4차원 시공 우주의 탄생이나

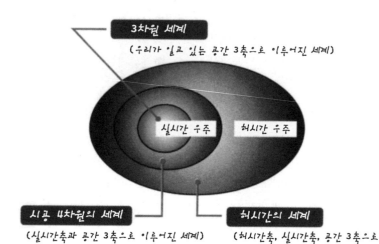

3차원 세계

(우리가 알고 있는 공간 3축으로 이루어진 세계)

실시간 우주   허시간 우주

시공 4차원의 세계

(실시간축과 공간 3축으로 이루어진 세계)

허시간의 세계

(허시간축, 실시간축, 공간 3축으로 이루어진 5차원 세계)

우주의 크기

우주탄생

실재우주

허시간축

우주소멸

허시간 우주
(인식 불능)

최대 팽창

우주소멸

실시간축

잠재우주
(마이너스 우주)

우주탄생

소멸은 본래는 5차원 공간인 허시간 세계의 일부가 실시간 축만을 따라 자연스럽게 출현하거나, 거꾸로 실시간이 허시간으로 이행하기 위해, 실시간 공간이 허시간 공간으로 자연스럽게 흡수되거나 하는 현상이다. 그러므로 원시우주의 탄생을 특이점과 연관시켜 설명할 필요가 없다.

허시간 우주 2 - 호킹의 무경계 우주 모델

호킹은 우리가 사는 4차원 시공 우주를 5차원 허시간 공간 속의 특별한 영역(우연히 시간축이 실시간축만 남은 영역)에서 생겼다 사라졌다 하는 세계라고 생각하면 우주의 특이점 문제를 해결할 수 있다고 주장했다. 호킹의 우주상을 설명할 때 위도선과 경도선을 가진 지구 표면과 비슷한 구면(실제로는 4차원 시공을 나타내는 구면)을 사용하는 경우가 많다. 지구의 위도선에 해당하는 선은 우주 공간의 팽창·수축의 추이를, 경도선에 해당하는 선은 우주 탄생부터 소멸까지의 시간 흐름을 나타낸다. 또한 북극점은 빅뱅점(또는 원시우주의 출현점)을, 남극점은 빅 크런치점(또는 우주의 소멸점)을 표시한다. 결코 알기 쉬운 그림은 아니지만, 4차원이나 5차원 세계를 그린 그림을 2차원 평면에 그리는 것은 불가능하기 때문에 어쩔 수 없다.

이 4차원 구면(우리 우주)의 넓이는 유한하지만, 구면 전체는 어디나 매끄러운 곡면으로 되어 있고, 구면 위에 경계나 테두리는 존재하지 않는다. 지구상의 2개의 극점이 지구 표면의 테두리점이나 경계선이 아닌 것처럼, 빅뱅점이나 빅 크런치점도 4차원 구면상의 특별한 점은 아니다. 호킹의 설을 무경계설이라 부르는 이유는 거기에 있다.

우주가 시작되기 전에 무엇이 일어났느냐를 묻는 것은 북극의 1km 북쪽은 어디인지를 묻는 것과 같다고 호킹은 말한다. 우리 우주의 시

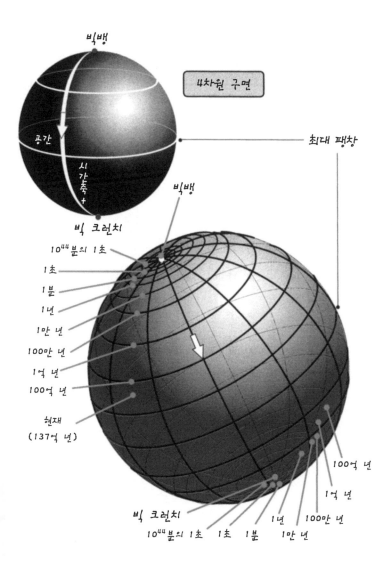

빅뱅

4차원 구면

공간

시간축 +

빅 크런치

최대 팽창

빅뱅

10^{44}분의 1초

1초

1분

1년

1만 년

100만 년

1억 년

100억 년

현재
(137억 년)

100억 년

1억 년

빅 크런치

1년

100만 년

10^{44}분의 1초   1초   1분   1만 년

간(실시간)은 이 우주 안에서만 정의할 수 있기 때문에, 우주 탄생 이전의 시간에 대해서 생각하는 것은 의미가 없다는 말이다. 호킹은 가령 우주가 특이점에서 탄생했다고 해도, 그 특이점 이전의 시간에 대해서 언급하는 것은 의미가 없다고도 말했다.

호킹
허시간 우주 3 - 원시우주의 출현과 인플레이션

호킹이 말하는 허시간 영역은 비렌킨이 말한 '음의 진공에너지 벽을 뚫고 나가는 보이지 않는 터널'에 대응된다. 허시간이 지배하는, 그림의 그래프에 보이는 O점에서 R점의 영역을 양의 진공에너지를 감춘 '우주의 알'이 왕복하고 있지만, 보통 점 R의 우측으로는 뛰쳐나가지 않는다.

그러나 일정한 조건이 주어지면 이 우주의 알이 점 R의 우측에 위치한 실시간 영역(유의 세계)에 갑자기 출현하여 원시우주가 된다고 한다. 원시우주는 급속도로 팽창하거나 수축하면서 점 R의 우측 영역을 왕복운동 하는데, 그것이 다름 아닌 우리 우주라는 것이다. 비렌킨 이론과 호킹의 이론은 모두 점 R에서 원시우주가 탄생했다고 보고 있다는 데 공통점이 있다.

앞에서도 언급했듯이 막 탄생한 원시우주는 믿기 어려울 만큼 작은 진공에너지 알갱이였다. 진공이라고는 해도 그것은 방대한 잠재 에너지를 감추고 있다. 그림에서 O점 부근에 있던 우주의 알이 10^{-43}초 후에 원시우주가 되어 R점에 출현하면, 그 순간부터 맹렬하게 팽창하기 시작한다. 우주 형성의 선두가 되는 최초의 인플레이션이 일어나기 시작한 것이다.

그 팽창 속도는 뒤에 일어날 빅뱅의 팽창 속도나 빛의 속도와는 차원

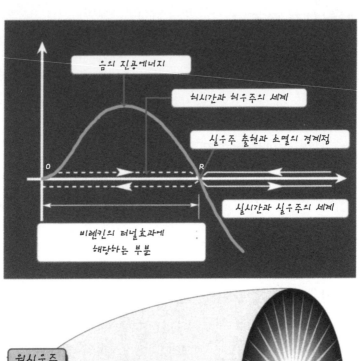

음의 진공에너지

허시간과 허우주의 세계

실우주 출현과 소멸의 경계점

실시간과 실우주의 세계

비렌킨의 터널효과에
해당하는 부분

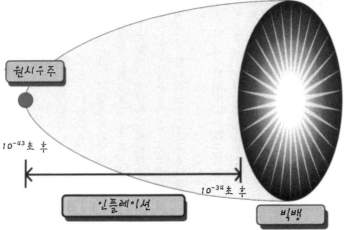

원시우주

10^{-43}초 후

인플레이션

10^{-34}초 후

빅뱅

을 달리하는 어마어마한 속도이다. 만일 원시우주가 직경 1mm인 작은 구슬이라고 하면, 그 구슬은 1초의 1조 분의 1조 분의 100억 분의 1이라는 짧은 시간에 직경 1000억 광년이나 되는 거대 공간으로 성장한 셈이다.

구스
인플레이션 1 – 진공 상전이가 인플레이션을 낳는다

원시우주가 급속도로 팽창하는 것은 물리적인 폭발력에 의해서가 아니라, 그때까지 잠재되어 있던 진공에너지가 상전이를 일으켜 순간적으로 거대한 열에너지로 전화되어 방출되기 때문에 일어난다고 한다. 양자론적으로 보면, '진공'이란 방대한 양의 물질 에너지가 '무'라는 이름의 '존재'로 모습을 바꾸어 잠들어 있는 상태이다. 상전이란 수증기가 물로 변하거나 물이 얼음으로 변하는 것처럼 물질이나 사상의 양상이 크게 변화하는 것을 말한다. 예를 들어 0°C인 물이 0°C인 얼음으로 변화, 즉 상전이 할 때는 물 1g 당 약 80칼로리의 열량(응고열이라 부르는 숨은 열, 잠열(潛熱))이 방출된다. 특히 0°C 이하임에도 여전히 물 상태를 유지하고 있는 과냉각수일 경우는 가벼운 자극을 주면 순식간에 얼음으로 변하면서 대량의 열에너지를 방출한다.

미국의 물리학자 구스는 초기우주의 진공에도 이러한 순간적인 상전이가 몇 번인가 일어나고, 우주는 맹렬한 인플레이션을 일으키는 동

구스 Allan Guth 1947~
미국 물리학자. MIT에서 물리학을 공부하기 시작해 이곳에서 1971년 박사학위를 받았다. 그후 9년 동안 프린스턴대학, 컬럼비아대학, 코넬대학 그리고 스탠포드선형가속센터(Stanford Linear Accelerator Center, SLAC)에서 박사후 과정을 거쳤다. SLAC 시절 동료인 헨리 타이(Henry Tye)와 함께 연구하여 이뤄낸 인플레이션 이론으로 유명하다.

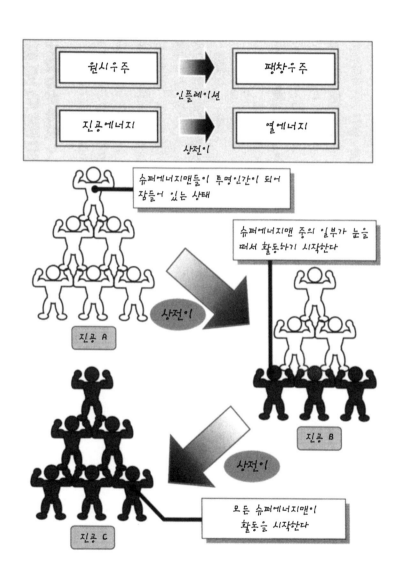

원시우주 → 팽창우주

인플레이션

진공에너지 → 열에너지

상전이

슈퍼에너지맨들이 투명인간이 되어 잠들어 있는 상태

슈퍼에너지맨 중의 일부가 눈을 떠서 활동하기 시작한다

상전이

진공 A

진공 B

상전이

모든 슈퍼에너지맨이 활동을 시작한다

진공 C

시에 그 때 발생한 방대한 열에너지에 의해 초고온화되었다고 생각했다. 그래서 이 이론을 '인플레이션 이론'이라 부른다. 이 이론에 따르면 진공에는 잠재에너지가 큰 진공부터 잠재에너지가 작은 진공까지 몇 단계의 진공 양태가 존재하고, 우주가 팽창함에 따라 잠재에너지가 큰 진공에서 잠재에너지가 작은 진공으로 상전이가 일어난다. 상전이가 일어날 때는 상전이 전후의 에너지 차이에 해당하는 에너지가 열에너지나 물질에너지로 전환되어 우주로 방출된다는 것이다.

구스
인플레이션 2 - 우주사의 전망을 넓히다

빅뱅 이론에는 '빅뱅 후의 팽창 속도는 광속을 넘지 못하고, 우주는 중력 때문에 이미 팽창에서 수축으로 돌아섰을 것이므로 지금과 같이 곡률 0에 가까운 평탄한 상태를 유지할 수 없다' 는 문제점이 있었다. 또한 3K 우주배경복사를 비롯해, 우주의 지평선 부근의 에너지 분포나 물질 분포가 모든 방향에서 한결 같은 것은 왜인가 하는 의문점도 있다. 작용력이 광속으로 전달되었다 해도 모든 방위를 균등하게 하는 것은 불가능하기 때문이다.

하지만 일본의 사토 가즈히코(佐藤勝彦, 1945~) 팀은 진공의 상전이와 광속의 수십 배나 되는 속도로 일어나는 우주의 인플레이션을 상정해 그러한 문제를 해결했다. 균질하며 작은 초기 우주가 광속을 넘는 속도로 단숨에 팽창 · 확대된다면 그 문제를 설명할 수 있기 때문이다. 인플레이션 이론이 정착되면서 우주사의 전망은 비약적으로 확대되었다.

시간과 공간을 갖는 원시우주의 탄생과 함께 최초의 진공 상전이가 일어나 방대한 열에너지가 발생하고, 초미소(超微小) 우주는 10^{32}K라는 엄청난 고온이 되어 급속도로 팽창하기 시작한다. 이 단계에서 현재 우주를 지배하는 네 힘 가운데 우선 중력이 갈라져 나왔다. 우주의 팽창 속도는 점점 가속이 붙고 급격한 인플레션에 동반되는 열에너지가

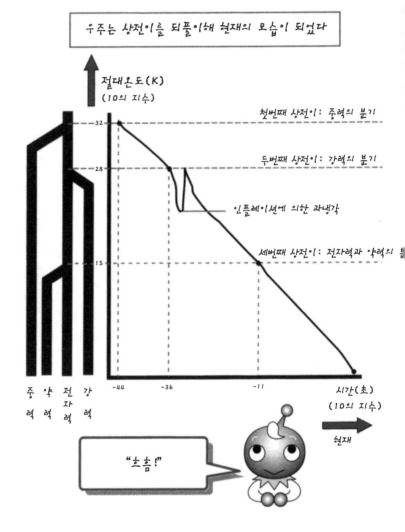

우주는 상전이를 되풀이해 현재의 모습이 되었다

절대온도(K)
(10의 지수)

첫번째 상전이: 중력의 분기

두번째 상전이: 강력의 분기

인플레이션에 의한 과냉각

세번째 상전이: 전자력과 약력의 분기

32

28

15

-44   -36   -11   시간(초)
(10의 지수)

현재

중 약 전 강
   자
력 력 력 력

"호홈!"

280

확산되기 때문에, 우주의 알이 출현하고 나서 10^{-36}초 후의 평균 온도는 10^{28}K까지 떨어진다. 그러므로 이 시점에서 다시 진공 상전이가 일어나고, 중력이 갈라져 나온 뒤에도 여전히 분화되지 않은 채로 있던 강력, 전자력, 약력 가운데 강력이 갈라져 나온다. 만약 대통일이론을 실험적으로 검증하려 한다면, 이 시점의 초고온 초고밀도 환경을 재현해 내야 한다.

요이치로
진공 상전이 – 과냉각된 진공 상전이가 빅뱅을 불러일으켰다

　빅뱅 당시 인플레이션은 우주사에서 가장 격렬했고, 우주의 온도 또한 경이로울 정도로 빠른 속도로 낮아졌다. 상전이(相轉移)에 의해 생긴 새로운 진공 거품들이 팽창·결합하여 일체화하는 한편, 모(母)우주의 내부에 여전히 상전이를 일으키지 않고 남아 있던 오래된 진공 대부분은 과냉각 상태로 떨어졌다.

　그 온도는 일단 10^{22}K까지 내려갔다. 절대온도 1000조 K의 1000만 배인 온도도 초고온이긴 하지만, 강력이 갈라져 나온 시점에 비하면 우주의 온도는 급격히 내려간 것이다. 우주의 알이 탄생하고 10^{-34}초, 즉 1초의 1000조 분의 1×1000조 분의 1×1만 분의 1이라는 짧은 시간이 지난 시점에 생긴 일이다.

　이 순간 과냉각 상태였던 오래된 진공이 일거에 상전이를 일으켰다. 그리고 오래된 진공 중에 갇혀 있던 방대한 잠재에너지가 초고온의 빛에너지로 모습을 바꾸고 한꺼번에 개방되었다. 순식간에 우주의 온도는 10^{28}K까지 다시 상승하고, 우주 전체가 에너지의 불덩어리가 되어

난부 요이치로 南部陽一郞 1921~
도쿄대학을 졸업하고 시카고대학에서 연구한 이론물리학자로 진공 상전이, 끈이론 등 광범위한 업적을 보였다. 1995년 월프상을 수상했다. 초끈이론의 원형이라고도 할 하드론의 끈 모델을 제창했다.

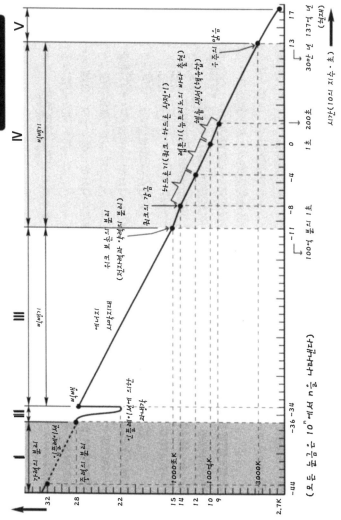

폭발했다. 사실을 말하자면, 이것이야말로 예전부터 사람들이 생각해 온 빅뱅이었다.

어떤 사람은 진공의 잠재에너지 때문에 발생하는 원시우주의 초기 인플레이션을 빅뱅이라고 부르기도 하는데, 일찍이 가모브가 주장했던 것처럼 초고온·초고밀도인 에너지 불덩어리가 폭발하는 일이 발생한 것은 이 시점에서였다. 이 빅뱅에 의해 발생한 에너지가 새로운 척력으로 작용하여, 인플레이션이 끝난 뒤에도 우주는 광속으로 팽창을 계속했다.

빅뱅 이후

물질을 낳은 CP 대칭성 균열

물질의 뿌리, X입자와 반X입자는 빅뱅에 수반되는 초고밀도·초고에너지 빛에서 탄생했다. 이 X입자와 반X입자는 빅뱅 팽창이 시작된 직후에 물질을 구성하는 최소 소립자인 6종의 쿼크와 6종의 렙톤류, 반물질을 구성하는 대칭 소립자인 6종의 반쿼크와 6종의 반렙톤류로 분리되었다. 대칭을 이루는 물질 입자와 반물질입자는 서로 반응해 광양자가 되어 소멸한다. 만일 물질입자와 반물질입자가 서로 같은 수로 생겼다면, 머지않아 모든 입자가 소멸했을 것이다.

하지만 기묘하게도 빅뱅에 의해 생겨난 입자수는 물질입자 쪽이 조금 많았다. 그것은 반물질입자가 1억 개라면 물질입자는 1억 1개 정도인 아주 작은 차이였지만, 그 작은 차이로 인해 소멸되지 않고 살아남은 물질입자(쿼크나 렙톤) 덕분에, 현재의 물질세계가 생겨났다. 이 물질입자와 반물질입자수의 비대칭성을 'CP 대칭성 균열'이라 부른다.

우주의 팽창은 그 후로도 계속되어 우주 탄생에서 1000억 분의 1초가 지나 우주 온도가 1000조 K까지 내려갔을 때, 다시 상전이가 일어나 아직 하나로 통합되어 있던 전자력과 약력이 갈라졌다. 드디어 현재의 우주를 지배하는 4개의 힘이 갖추어졌다. 그리고 우주 탄생 뒤 1억 분의 1초에서 1만 분의 1초

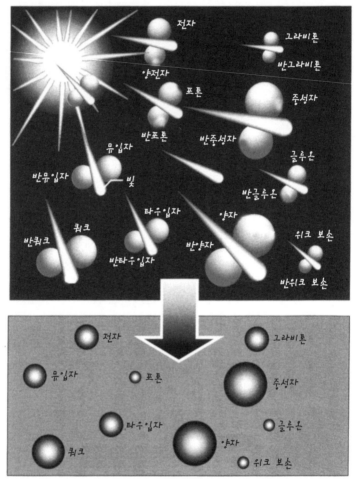

짝을 이루는 물질입자와 반물질입자는 모두 빛을 방출하고 소멸했으며
1억 쌍에 1개 정도의 비율로 여분이 존재했던 물질입자가 살아남았다

에 걸쳐, 글루온은 쿼크를 붙잡아 그것을 3개씩 묶어 모아 중성자나 양자 등 하드론을 형성시켰다.

모습을 드러낸 중성미자의 바다

강력을 매개하는 글루온이 그때까지 단독으로 날아다녔던 쿼크를 3개씩 결합시켜, 쿼크가 안정된 양자나 중성자로 모습을 바꾸는 '쿼크·하드론 상전이'가 최고조에 달할 때, 우주 온도는 1조 K까지 내려갔다.

그리고 빅뱅 팽창을 계속하는 우주를 자유로이 날아다니던 렙톤류 가운데, 뮤입자나 타우입자 같은 무거운 렙톤이 붕괴되어 가장 가볍고 안정된 전자로 전환되었다. 또한 그 과정에서 전자 뉴트리노, 뮤 뉴트리노, 타우 뉴트리노 등이 대량으로 방출되어 이른바 '뉴트리노의 바다'를 형성했다. 이 무렵에 발생한 뉴트리노는 지금도 여전히 우주를 날아다니고 있다.

한편 전자와 반전자(양전자), 양자와 반양자, 중성자와 반중성자 같은 대칭입자는 서로 반응을 일으켜, 고온의 빛(광양자)을 내고 소멸했다. 다만 앞서 언급한 'CP 대칭성 균열' 때문에, 훗날 우주의 물질을 구성하게 될 극히 일부의 전자·양자·중성자 같은 물질입자가 살아남았다. 격렬하게 운동하는 고에너지 빛은 전자나, 서로 결합하여 원자핵을 만들던 양자와 중성자 같은 물질입자와 충돌을 되풀이하여 우주 속으로 흩어졌다. 그 결과 우주는 플라즈마의 안개로 뒤덮이게 되었다.

우주가 탄생하고 1초에서 3분이 경과하면 우주의 온도는 10억 K까지 내려가고, 양자와 중성자가 결합해 수소나 헬륨 원자핵이 연이어 탄생했다. 그리고

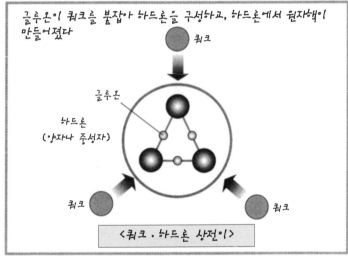

글루온이 쿼크를 붙잡아 하드론을 구성하고, 하드론에서 원자핵이 만들어졌다

쿼크

글루온

하드론
(양자나 중성자)

쿼크

쿼크

〈쿼크·하드론 상전이〉

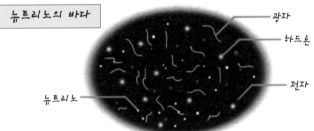

뉴트리노의 바다

광자

하드론

전자

뉴트리노

렙톤류 뮤입자나 타우입자가 안정된 전자로 전환할 때, 대량의 뉴트리노가 우주에 방출된다 ➝ 뉴트리노의 바다

물질과 반물질이 소멸할 때 나온 빛이 우주 안에 남아 있던 플라즈마 모양의 자유전자나 하드론에 부딪쳐 난반사되어 우주는 빛의 안개로 가득 차게 된다

이 단계에서도 우리 우주는 한 가지 행운을 만났다. 그렇지 않다면 우리는 존재하지 않을 것이다.

드디어 자유전자를 붙잡은 원자핵

만약 우주가 보다 천천히 냉각되었다면, 모든 양자나 중성자는 원소 중에 가장 안정된 철이 되었을 것이다. 다행스럽게도 빅뱅 뒤에도 우주의 팽창속도가 아직 떨어지지 않았고, 우주의 온도는 급격히 떨어지고 있었기 때문에, 수소·중수소·헬륨 같은 경원소 원자핵이 대량으로 탄생되었다. 다만 그것들은 아직 자유전자와 함께 고온의 플라즈마 상태였다.

우주가 탄생되고 나서 10만 년이 되면 우주의 온도는 1만K 쯤으로 내려가고, 수소나 헬륨 원자핵이 운동에너지가 떨어진 전자를 잡기 시작했다. 그리고 우주가 탄생되고 30만 년이 흘렀을 무렵에는 온도가 3000K 전후까지 내려가고, 대부분의 자유전자는 수소나 헬륨 원자핵과 결합해 수소나 헬륨 원자가 되었다. 그 중에서도 초기 우주에서 이렇게 탄생한 수소는 핵융합반응 에너지원으로서, 현재 우주에 존재하는 무수한 별들의 광채와 신비한 활동을 지탱하게 되었다.

한편 자유전자가 격감했기 때문에, 광양자는 전자와 충돌해 흩어지는 사태를 모면하고 우주 안을 자유로이 날아다닐 수 있게 되었다. 안개가 걷히고 우주의 전망이 좋아진 것이다. 이 현상을 '우주의 맑음'이라고 부른다.

그리고 이 맑게 갠 우주를 향하여 개방된 고온의 빛이 현재 '3K 우주배경복사'로 알려진 전자파의 본래 모습이다. 그 뒤 우주가 팽창함에 따라 파장이

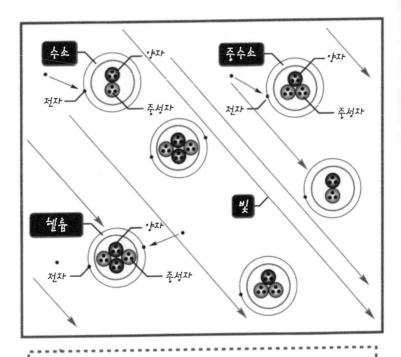

수소나 헬륨 원자핵이 자유전자를 붙잡아,
수소원자나 헬륨 원자가 탄생했다
그 후 자유전자가 격감한 우주를 빛(광양자)이 자유로이
날아다니게 되어, 우주의 안개가 걷혔다
→ '우주의 맑음'

이때 자유로워진 빛의 온도는 절대온도 3000K 정도였다
이때의 빛이 3K 우주배경복사의 원래 모습이다

길어지고 에너지가 낮아져, 지금은 아주 미약한 마이크로파로 변했지만, 3K 우주배경복사는 틀림없이 빅뱅 우주사를 입증할 귀중한 '화석'이다.

은하와 은하단의 형성

맑게 갠 우주는 더욱 팽창을 계속하며 10억 년에 걸쳐 조용히 차가워졌다. 그리고 그 무렵부터 별이나 은하, 은하단, 초은하단이 탄생하기 시작했다. 그 메커니즘은 밝혀지지 않은 구석이 많은데, 연구자들은 우주 초기의 에너지 분포가 고르지 않아(에너지 밀도의 유동), 고밀도 부분에 원자가 모여들어 은하가 형성되었다고 생각한다. 비렌킨의 '우주끈 이론'도 그런 학설 중의 하나이다. 또한 별이나 은하의 탄생 시나리오도 여러 가지여서, 균질하지 않은 거대 에너지 때문에 초은하단이 탄생하고 그것이 분열되어 은하나 별이 탄생했다고 보는 쪽도 있고, 거꾸로 처음에 별이나 은하가 생겼고 그것이 모여 은하단이나 초은하단으로 성장했다고 보는 쪽도 있다.

다만 초기 우주에서 중력이 큰, 즉 에너지 밀도가 높은 부분을 따라 가스 모양의 우주운(宇宙雲)이 생긴 후, 그 우주 가스 구름이 발달하고 응축되어 은하·은하단·초은하단이 형성되었다는 점에 대해서는 의견이 일치한다. 현재의 우주에서 볼 수 있는, 무수한 보이드(공동)나 은하의 벽(무수한 은하단의 연쇄)으로 이루어진 거품구조는 우주의 에너지 밀도가 그렇게 불균형한 데에서 기인한다고 생각하는 것이 가장 자연스럽기 때문이다.

이 시나리오를 검증하기 위해 정밀한 기술을 구사해 우주배경복사를 관측했지만, 최근까지 우주의 3K 배경복사에서 불균질한 에너지 분포를 전혀 발견

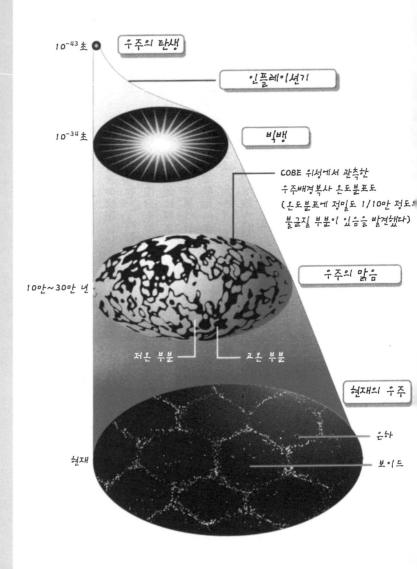

10^{-43}초 · 우주의 탄생

인플레이션기

10^{-34}초 빅뱅

COBE 위성에서 관측한
우주배경복사 온도분포도
(온도분포에 정밀도 1/10만 정도의
불균질 부분이 있음을 발견했다)

우주의 맑음

10만~30만 년

저온 부분   고온 부분

현재의 우주

현재

은하

보이드

하지 못했다. 만약 불덩어리 우주에 현재 우주 구조의 원인이 있었다는 사실을 입증할 수 없다면, 우주 생성의 시나리오를 바닥부터 재검토해야 한다. 천체물리학계에서는 이 문제를 집중적으로 논의하기 시작했다.

우주 최초의 천체 퀘이사 탄생

초기 우주의 에너지 밀도가 흔들리는 문제는 NASA(미항공우주국)가 1989년 11월에 쏘아올린 '우주배경복사 탐사위성(COBE)'의 관측으로 해결되었다. COBE는 우주배경복사의 온도 분포가 정밀도 10만 분의 1 정도로 균질하지 않다는 사실을 밝혀냈다. 그 온도 분포의 불균질 정도는 수심 100m인 고요한 호수 수면에 겨우 파고 1mm짜리 잔물결이 일고 있는 것에 비유할 수 있지만, 우주 생성의 시나리오를 뒷받침하기에는 충분했다.

탄생부터 19억 년을 지난 우주에서 최초로 생겨난 천체는 퀘이사(quasar)다. 지금은 135억 광년이나 되는 저 먼 곳에 있는 퀘이사의 크기는 3광년 이하이지만, 그 밝기는 보통 은하의 1만 배는 되며, 빛보다 높은 에너지를 지닌 강력한 자외선이나 X선을 내뿜고 있다. 1일에서 수년 주기로 격변하는 그 밝기도 퀘이사의 폭발적인 활동을 말해준다. 과학자들은 퀘이사가 이상하게 큰 에너지 밀도를 가진 가스 구름에서 탄생한 은하의 '중심핵'일 것이라 생각한다. 퀘이사 중에 광속의 95%의 속도로 멀어져가는 것이 있다는 사실은 퀘이사가 광속으로 팽창하는 우주의 끝 가까이에 있음을 의미한다. 먼 곳에 있는 천체의 빛일수록 과거의 모습을 남기고 있기 때문에, 퀘이사는 은하가 젊었을 때의 모습이라 할 수 있다.

퀘이사 중심부에는 질량이 태양의 1억 배나 되는 거대 블랙홀이 있고, 그것이 준성의 에너지원이라고 보는 시각도 있다. 가스화된 물질이 블랙홀에 흡수될 때 중력 에너지가 개방되어 초고에너지 전파나 자외선, X선 따위가 방출된다는 사실을 호킹 연구팀이 밝혀냈기 때문이다.

항성의 탄생과 일생

우주가 시작되고 30억 년이 지나 도처에 가스 모양의 원시은하가 형성되고 그것이 수축되는 과정에서, 특히 가스 밀도가 높은 곳에서 무수한 항성이 탄생했다. 이 항성들을 만드는 원소는 초기 우주에서 만들어진 수소와 헬륨이었다. 중력 때문에 압력과 밀도가 매우 높아진 항성 내부에서는 핵융합반응이 일어나고(이것이 별이 빛나는 근원이다), 보다 무거운 원소가 생성되었다(예컨대 수소가 헬륨으로, 헬륨이 탄소로, 탄소가 산소로). 이러한 메커니즘으로 성장하고 진화하는 별을 주계열성(主系列星)이라 하는데, 태양을 포함하여 우주의 별 90% 이상은 이 주계열에 속한다.

주계열성의 질량은 작은 것에서 큰 것까지 다양한데, 질량이 큰 별일수록 격렬한 핵융합반응을 일으켜 수소를 모두 사용하기 때문에 수명이 짧다. 질량이 태양 정도 되는 별은 수명이 100억 년 정도이고, 말기에는 크게 팽창하여 온도와 밀도가 낮은 적색거성이 된다. 태양도 40억 년 정도 지나면 현재의 500배로 팽창되고, 지구는 태양에 먹혀버릴 것이다. 그리고 최후에는 가스를 방출하고 수축되어 심지만 남고 다 타버린 무겁고 작은 별(백색왜성)이 되고, 여기서 더 차가워지면 흑색왜성이 된다.

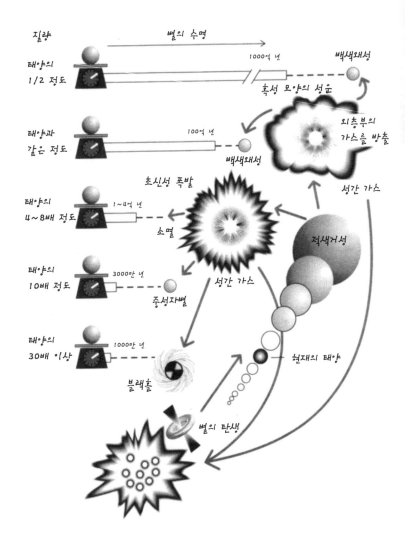

질량

별의 수명

태양의 1/2 정도   1000억 년   흑성 모양의 성운   백색왜성

태양과 같은 정도   100억 년   백색왜성   외층부의 가스를 방출

초신성 폭발

태양의 4~8배 정도   1~4억 년   소멸   성간 가스

성간 가스

적색거성

태양의 10배 정도   3000만 년   중성자별

태양의 30배 이상   1000만 년   블랙홀

현재의 태양

별의 탄생

태양의 4~8배인 별은 1~4억 년 정도 지나서 적색거성이 되지만, 그 최종단계에서 많은 중원소를 내부에서 생성하고, 최후에 초신성이 되어 폭발하며 중원소를 우주에 흩뿌린다. 초신성이 폭발할 때 압력과 밀도가 매우 높아지기 때문에, 우라늄 같은 초중원소(超重元素)도 생성되어 우주에 퍼진다.

질량이 태양의 10~30배인 별은 3000만 년 정도 지나면 밀도와 에너지가 낮은 '적색초거성'이 되는데, 자신의 무게를 견디지 못하고 맹렬한 속도로 수축되기 시작한다. 이러한 별들의 최후를 생각하면 참으로 극적이라는 생각이 든다.

137억 년의 드라마

적색초거성이 수축될 때 수반되는 압력은 놀라울 정도여서, 원자 자체도 파괴되고 중심핵은 물질 중에 가장 단단한 중성자 심지가 된다. 그 밀도는 $1cm^3$당 10억 톤에 이른다. 더욱이 주변 물질이 그 심지에 초속 수천km의 맹렬한 속도로 충돌하면 강렬한 충격파가 발생하여 무시무시한 초신성 폭발이 일어난다. 초신성 폭발을 일으킨 별은 며칠에 걸쳐 태양의 100억 배 밝기로 빛나고 100일가량 지나면 모습이 사라지며, 나중에 직경 10km가량의 초고밀도 중성자별만 남는다. 이 중성자별 가운데 매초 1000회 이상 고속으로 회전하면서 강렬한 전파를 발하는 별을 펄서(pulsar)라고 한다. 최근에는 1987년 2월 23일 16만 광년 떨어진 대마젤란성운에서 초신성 폭발(SN1987A)이 관측되었는데, 그 때 방출된 대량의 뉴트리노가 일본의 기후현 가미오카의 지하 실험시설에서 우연히 검출되었다.

블랙홀
가스 응축
성간 가스
성간 분자운(암흑성운)
중성자성
폭발로 흩어진
가스는 성간 가스의
재료가 된다
초신성 폭발 뒤에
중성자성이나
블랙홀이 남는다
백색왜성
적색거성의
외층 가스는
우주에 확산되어
성간 가스의
재료가 된다
중력이 다시 수축해
원반 모양의
고밀도 가스가 된다
고온 가스를
분출한다
적색거성
초신성폭발
원시성 가스 원반
수축 압력으로 핵융합
반응이 시작되어
빛나기 시작한다
적색초거성
활동이 말기에 다다르면
팽창이 시작된다
주계열성
적색초초거성
블랙홀

태양의 30배 이상 되는 초초거성의 수명은 1000만 년 정도이고, 활동이 정지된 후에도 폭발하지 않고 블랙홀화되어 그 속으로 흡수된다. 질량이 크기 때문에 중력이 거대하게 커져, 초신성 폭발력을 가두는 동시에 스스로 찌부러져 무한히 수축되기 때문이다. 현재 블랙홀로 가장 유력시되는 것은 8000광년 거리에 있으면서 강력한 X선을 방출하는 천체 '백조자리 X-1'이다.

우주가 탄생한 뒤 30~137억 년 사이에 무수한 항성이 탄생하여, 여러 종류의 중원소를 생성·확산하고 소멸했다. 우주를 떠도는 성간 가스에는 중원소도 더해져서 그 밀도가 높은 부분에서 항성이 재생되는 동시에, 그 항성 주변의 보다 작은 가스나 먼지의 집합체에서 무수한 항성이 탄생되고, 생명체가 형성되었다. 우리 지구도 그런 혹성 중의 하나이다.

우주의 운명은 암흑물질에 달려 있다

우주가 앞으로 어떠한 운명을 겪을지는 암흑물질의 존재를 빼놓고 얘기할 수 없다. 중력원이 되지만 다른 물질에는 전혀 영향을 주지 않는 미발견 물질이 우주에 대량으로 존재할 것이며, 그렇지 않다면 현재와 같은 우주는 존재할 수 없다고 보기 때문이다. 또한 암흑물질을 포함한 전우주의 질량이 정해지지 않으면, 중력장 방정식에 기초한 우주의 곡률을 정할 수 없고 허블상수도 구하지 못한다. 그러므로 지금 우주의 운명을 정확하게 예언하기는 어렵다.

현재 암흑물질 후보로 몇 가지가 거론되고 있다. 그 중 하나는 최근 들어 질량을 갖는 것으로 밝혀진 뉴트리노. 또한 중력자나 광양자의 대칭입자, 반중력자나 반광양자의 일부가 소멸하지 않고 살아남아 암흑물질이 되었다는

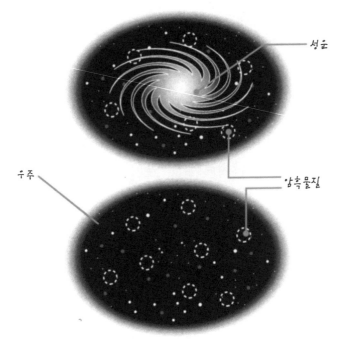

성운

우주

암흑물질

현재 발견된 물질만으로는 은하나 우주의 현재 모습과
그 운동 양상을 설명할 수 없다
그러므로 미발견 물질이 대량으로 존재한다고 생각된다

암흑물질의 후보	• 뉴트리노	• 모노폴
	• 반중력자	• 블랙홀
	• 반광자	• 우주끈

설도 있다.

빅뱅이 일어나는 과정에서 출현했다고 하는 미발견 중소립자(重素粒子) 모노폴(monopole, 단극자)이나, 원시우주에서 발생한 블랙홀 따위가 잔존했다는 설도 있다. 앞서 나왔던 비렌킨의 '우주끈 이론'도 최근 주목을 끌고 있다. 두께가 1mm의 1000조 분의 1의 100조 분의 1, 길이가 1cm인 우주끈은 그것만으로 질량이 지구의 2~3배에 해당하기 때문이다. 다만 어느 설이나 검증하기 어려운데다 결함도 많아 결정력이 부족하다.

최근의 이론적 계산에 따르면, 지금과 같은 우주를 유지하는 데 필요한 중력이 생기려면 존재가 확인된 우주 물질의 총질량의 30배에서 100배나 되는 암흑물질이 존재해야 한다고 한다.

우주의 종언

우주가 끝나는 모습은 우주가 닫혀 있느냐 열려 있느냐에 따라 다르다. 호킹류의 닫힌 우주론에 따르면, 우주는 팽창의 정점을 지나면 수축으로 돌아선다. 수축이 진행되면서, 은하와 은하가 충돌을 되풀이하여 분열되고, 어지러이 흩어진 별들의 일부는 은하의 중심핵 따위에 숨어 있는 거대 블랙홀에 잡아 먹혀 모습을 감춘다. 그리고 최후에는 아직 우주에 남아 있던 모든 물질과 에너지가 빅뱅의 대칭점인 빅 크런치점에 응축된다.

우주가 빅 크런치점에서 완전히 소멸하는지 또 다른 우주로 재생하는지는 영원한 수수께끼로 남을 테지만, 하여튼 우리가 사는 우주는 없어져버린다. 빅 크런치라는 종착점에 이르기 전에도 우주는 여기저기에서 부분적으로 붕괴

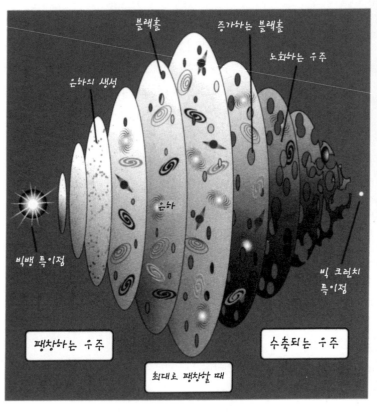

우주가 닫혀 있다면, 우주는 팽창의 정점을 지나면
수축으로 돌아서고 점점이 흩어져 존재하는 블랙홀에 먹혀 버려
부분적으로 소멸이 진행된다
최후에는 빅 크런치점에 수축·흡수되어 모습을 감춘다

가 진행되어, 마치 벌레 먹은 것처럼 구멍투성이가 된다. 우주 각처에 점점이 흩어져 있는 블랙홀이나 그 주변 물질이 한 걸음 앞서 소멸하기 때문이다.

만약 우주가 열려 있다면 어떻게 될까? 팽창하는 우주 속에서 별들이 생성과 소멸을 되풀이하는 동안, 성간 물질이 모두 블랙홀에 흡수된다든지 흑색왜성이나 중성자성이 되고, 결국에는 빛나는 별이 1개도 남지 않는다. 암흑의 우주에는 별의 시체나 주인을 잃은 혹성, 여기저기 산재한 블랙홀만 남는다. 우주 안에 잔존하던 양자의 붕괴가 진행되면 광양자가 생기고, 별의 시체나 어둠 속을 떠도는 혹성을 일시적으로 빛나게 하지만, 그 에너지는 기껏해야 10K에 불과하다.

얼마 안 가 블랙홀도 증발·소멸하고, 최후로 남은 초저에너지 광양자와 렙톤만 어두운 우주를 감돈다. 그리고 우주는 점점 어둠이 깊어지면서 영원히 의미 없는 팽창을 계속한다.

최신 연구에 기초한 우주의 미래상

NASA는 얼마 전에 인공위성에서 포착한 탄생 직후의 우주를 관측한 데이터를 공개하고, 그 데이터에 기초한 최신 우주상을 발표했다. WMAP라는 특수한 탐지 장치를 갖춘 인공위성을 이용하여, 빅뱅 후 38만 년이 지난 뒤의 우주의 모습을 말해주는 우주배경복사 온도 등을 100만 분의 1도의 정밀도로 관측, 그 온도분포도를 작성했다.

과학자들은 최근의 각 방면의 연구 성과를 바탕으로 우주의 연령은 130억 년 이상이고 그 구조는 평탄에 가까울 것이라 추측해 왔는데, NASA는 그 관

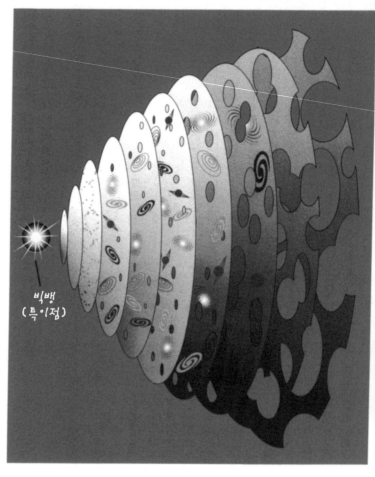

빅뱅
(특이점)

우주는 평탄하며 이대로 영원히 팽창을 지속하여
최후에는 확산·소멸한다

측 데이터를 상세히 분석하여 우주 연령은 명확히 137억 살이고 구조는 평탄하다는 결론을 내렸다. 우주가 닫혀 있는지(곡률>0), 평탄한지(곡률=0), 열려 있는지(곡률<0)는 아직 해결되지 않은 문제였고, 닫혀 있다면 머지않아 우주는 수축되고, 평탄하다면 영원히 완만한 팽창을 계속하며, 열려 있다면 급격히 팽창할 것이라 추측해 왔다. NASA의 이번 발표는 그 논의에 종지부를 찍었다고 할 수 있다.

이 관측 데이터를 통해 우주 탄생 직후에 맹렬한 인플레이션이 일어났다는 사실이 입증되었고, 우주의 전 에너지 가운데 물질을 구성하는 것은 4%, 정체불명의 암흑물질이 23%, 아인슈타인이 그 존재를 우주항(일종의 정수)으로 예언한 신비의 척력(반중력) 에너지가 73%를 차지한다는 사실도 밝혀졌다. 그 결과를 바탕으로 분석하면, 우주는 앞으로도 완만하게 팽창을 계속하여, 800억 년 후에는 현재의 1000배까지 넓어진다. 아인슈타인의 우주항이 부활한 것은 흥미로운 일이지만, 암흑물질이나 우주항에 숨어 있는 에너지의 정체는 무엇인가 하는 어려운 질문도 새로 등장했다.

'

우리 인류는 우주의 고아인가

태양은 은하계에 속하는 약 3000억 개나 되는 별 중의 하나에 불과하다. 또한 그 은하계는 우주에 존재하는 수천억 개의 은하 가운데 하나에 불과하다. 그렇다면 우주 어딘가에 인류 이외에도 지적 생명체가 존재한다 해도 이상할 것이 없다. 많은 천문학자는 그렇게 생각한다.

과학적으로 지구 바깥의 지적 생명체를 탐사하려는 시도를 SETI(The

지구 바깥에 지적 문명이 존재할까? 우리 은하계 안에 지적 문명이 얼마만큼 존재하는지를 추정하기 위해 프랭크 드레이크는 다음과 같은 계산식을 고안했다

$$n = R^* \, f_p \, n_e \, f_l \, f_i \, f_c \, L \text{ (곱을 구한다)} - \text{드레이크 방정식}$$

n	:	우리 은하계 안에 존재하는 지적 문명의 수
R^*	:	은하계 안에서 1년간 태어나는 항성의 개수
f_P	:	그 항성이 혹성계를 갖는 비율
n_e	:	한 항성계에서 생명의 발생에 적합한 혹성의 수
f_l	:	그러한 혹성에서 생명이 발생하는 비율
f_i	:	고도의 문명을 소유하는 데까지 생명체가 진화하는 비율
f_c	:	그 문명이 다른 천체와 교신할 수 있는 과학을 소유하고 있을 비율
L	:	그러한 문명의 수명

"언젠가 우리들이 만날 날이 올지도…"

Search for Extraterrestrial Intelligence)라 부른다. 최초의 본격적인 SETI는 미국 코넬대학의 프랭크 드레이크(Frank Drake, 1930~) 연구팀이 행한 '오즈마 계획'이었다. 그들은 전파망원경을 통해 저 먼 우주에서 온 전파 중에 인공적인 신호가 포함되어 있는지를 조사했다. 지적 생명체가 존재한다는 사실을 입증하는 인공적인 전파를 검출하는 데는 실패했지만, 지금도 보다 정밀도가 높은 기술을 이용하여 몇 개의 SETI 계획이 추진되고 있다.

드레이크는 은하계 안에 얼마만큼의 지적 문명이 존재할 것인지를 추정하는 '드레이크 방정식'의 발안자로도 유명하다. 그 방정식의 6개의 변수에 대입하는 값을 어떻게 설정하느냐에 따라 결과는 달라지지만, 드레이크는 은하계에 약 300개의 지적 문명이 존재할 가능성이 있다고 계산했다. 이 300이라는 숫자에 의미가 있다고 생각할 것인지 의미가 없다고 생각할 것인지는 개인적인 가치관 문제이다. 상대성이론에 따르면, 지구에서 75년을 사는 사람이 광속의 97% 속도로 날아가는 광양자 우주선에서는 300년을 살 수 있다고 한다. 그렇다면 우리가 도달할 수 있는 항성은 300광년 이내에 있는 약 1만 개로 한정된다. 그 1만 개의 항성 주변에 있는 혹성에 도대체 얼마만큼의 지적 문명이 존재하고 있을까?

Stephen Hawking

호킹과 그가 이룬 업적의 배경

호킹은 갈릴레이가 죽은 지 딱 300년이 되는 날 태어났다. 옥스퍼드 대학에서 3년간 공부한 뒤 케임브리지대학에 진학했지만, 당시에는 그다지 열심히 공부하지 않았고 상대성이론을 마스터한 것도 케임브리지에 들어간 뒤라고 한다. 그는 대학 시절이 끝날 무렵 진행성 근위축증에 걸려 휠체어에 의지하여 생활하게 되었지만, 그러한 가혹한 상황에 굴하지 않고 뛰어난 우주론을 연달아 발표했다. "뇌가 근육으로 만들어지지 않은 것이 불행 중 다행이다"라는 그의 말에서 알 수 있듯이, 그는 유머가 풍부한 매우 매력적인 사람이다.